張宗賢 純粹麥香

經典歐法麵包

食月半 Eat Bread 經營者
麵包職人 張宗賢——著

POPULAR EUROPEAN BREAD

職人的經驗傳承 歐法麵包的極致風味

Commend

推薦序／

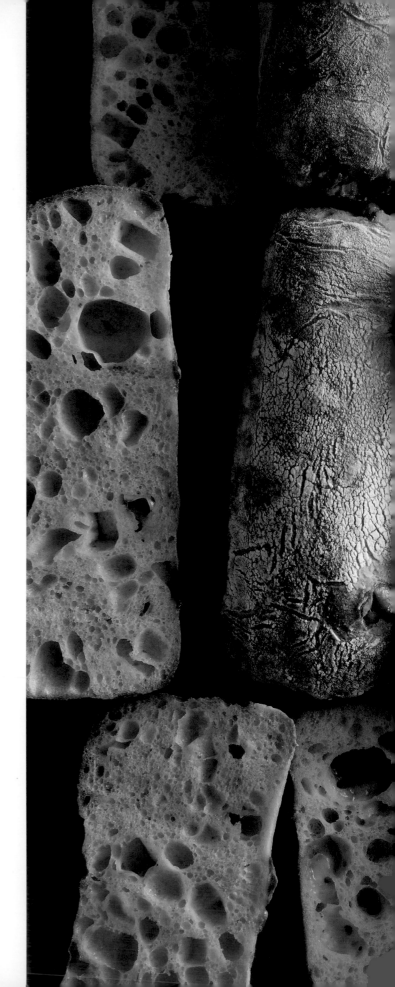

　　台灣的麵包文化可以從1962年中美貿易開始，演化了57年時間，在世界麵包時間軸上只佔一點點的區間。台灣麵包師傅在早期因生活困苦，需要學得一技之長養活全家，當時是非常辛苦的工作，直到2008年台灣參加了國際性麵包大賽，取得全世界的認可，從此改變了台灣麵包師的世界地位，師傅從工場製作走到前場的表演舞台上，對所有美食家及消費客戶傳達麵包設計理念，儼然像是一顆發亮的寶石。

　　張宗賢大師，我們一起在烘焙技術教育領域裡奮鬥了許多年，我期許他成為「明日的麵包巨人」，用麵包溫暖人心、用麵包國際交流、用麵包賺大錢，讓更優良的麵包技術能夠完整傳承下去，跨過人種的界限，用麵包讓全世界知道台灣在哪裡～明日的麵包巨人～加油！

山琳有限公司

劉元志

　　這幾十年來，台灣烘焙業技術進步神速，已是先進國家水準，這都要歸功於國內許多優秀烘焙師傅的努力。台上十分鐘，台下十年功！張宗賢先生從國中畢業後就在本店當學徒，謙卑努力積極學習，一步一腳印，默默耕耘20多年。恭喜他能將多年來的烘焙經驗整理成書，以供烘焙業後進參考學習。

北斗合興珍餅行

陳慶春

　　認識宗賢（爆肝）師傅也有幾年了，從他當主廚到比賽，甚至到我店裡練習比賽跑全程，那認真的模樣我都看在眼裡！

　　宗賢的麵包真的非常有內涵，也非常好吃。一個那麼用心在製作麵包，研發麵包，呵護麵包的宗賢師傅終於要出書了，得知出書消息時真替他高興！而且我也相信無論是要技術參考，還是家庭製作，這本書都是非常實用的教材，也相信宗賢還會一直堅持在做好吃健康麵包的這條路上繼續努力下去，讓更多人知道宗賢師傅的用心與堅持。

張泰謙麵包主廚與研發

張泰謙

Commend

推薦序／

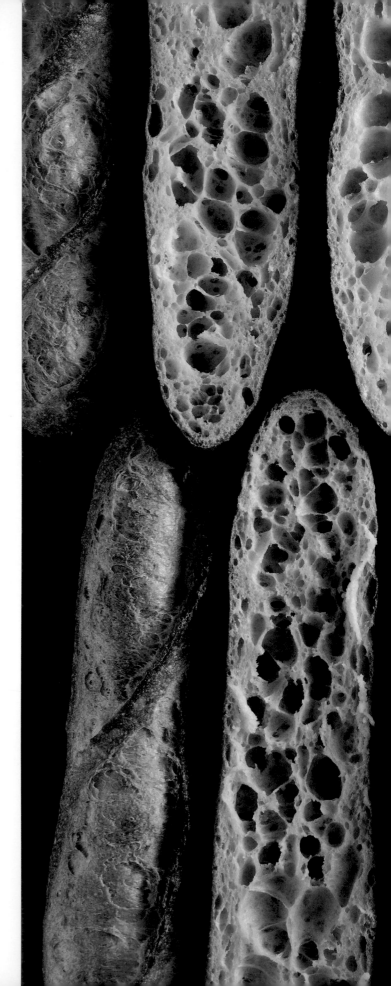

　　認識爆肝師傅是在一場比賽中，看著他熟練的手法以及客氣的態度，凡事有問必答，真是難得一見的麵包師傅。如今爆肝師傅出版這本代表自己的麵包書，傳承的味道濃厚，肯定值得我們收藏。

　　這本麵包書結合爆肝師傅歷年的所學精華，舉凡歐式麵包、吐司、菓子麵包，以及比賽時的精湛作品，除此外更有製作麵包的工法，與每一款麵包製作的理念與想法，實用性極高。就專業層面來說，能藉由一本書把麵包的發想概念闡述出來，光這點就值得收藏。

　　好的技術，也要有好的觀念。用麵包分享喜樂，爆肝師傅願將所學的知能與技能無私與大家分享，相信對麵包同好與專業職人必定帶來更大助益。

　　最後也祝福爆肝師傅，朝新的旅程碑邁進。

法歐米麵包工坊

林坤鴻

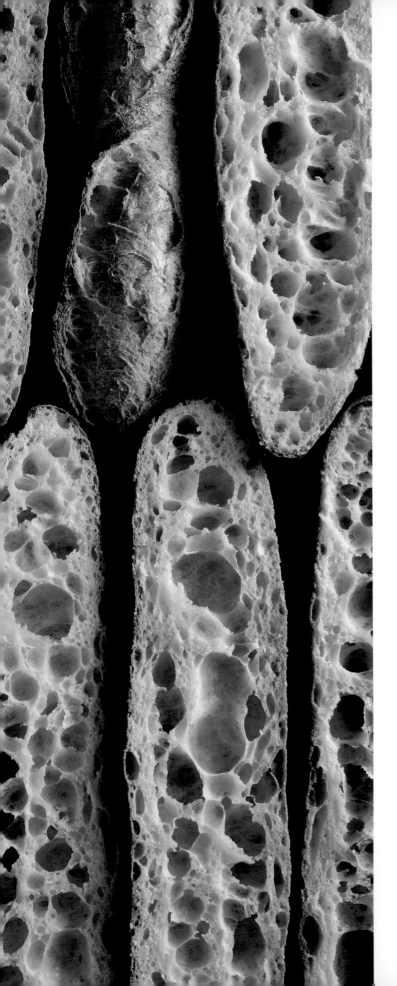

　　宗賢師傅在我眼中為人忠厚實在，總是謙遜溫和，年紀輕輕從傳統麵包店做起，一路辛苦的學習及不斷的鍛鍊並精進自己的技術，我看到了他對麵包的用心與堅持，創造出很多幸福及繁盛的商品，真的很不簡單，非常令人敬佩！

　　宗賢師傅已累積十多年的麵包職人生涯經歷，技術專精的他悉數整理成這本書，內容結合他對歐式麵包的創意及他比賽得意的作品，在書中涵蓋配方、製程和清楚的圖文解說、深入淺出，讓烘焙愛好者及專業烘焙師傅能透過這本書有更多的收穫！創意手法的精湛分享，相當值得大家閱讀。

Lilian's House經理

Preface
作者序／

「學做麵包吧！做麵包不會退流行⋯⋯」母親的這番話，開啟了我的烘焙生涯。

回想二十一年前剛踏入烘焙業的我，曾經以為麵包只是一個能讓我用技能填飽肚子的一份工作，多年後才發現麵包已經占據我大部分的人生，也是我生活中不可或缺的一部分。

麵包師如醫生，麵包如小孩，在每天溫度，濕度，不一樣的環境下賦予麵包最適當的製作方式，就如醫生在醫治病人時一樣都會有張病歷表對症下藥，而做麵包也一樣，也需要記錄著麵包的製作過程，進而做出美味的麵包。

當越了解麵包，認識麵包才發現，麵包的世界是這麼的博大精深啊，正所謂「失之毫釐，差之千里」這句話形容麵包最恰當不過，多一分、少一分就天差地遠，在墨守成規的理論上建立天馬行空的想像與創造，這就是麵包迷人之處。

什麼是歐式麵包，就我個人的定義就是歐洲的日常麵包，除了無糖無油，少糖少油外，義大利聖誕麵包、德國史多倫……這些高成分的奶油、糖、雞蛋等也屬於歐式麵包範疇的一種。本書中的歐式麵包是近年來習得的工法與技巧的結合運用，像是直接法、老麵法、液種法等等。

每種製程會展現不同的風味與口感，即使是同樣的配方，但因不同的製程手法，最終呈現出來的就是各自不同的獨特風味；而我也不斷試著找出每種麵包最適合的製程，製作出心目中所認為的最佳風味……

在這資訊爆炸的年代，我想配方已經不是最重要的資訊了，收錄在書中的麵包，我最想傳達，分享給熱愛烘焙朋友們的是我對作麵包的想法，很榮幸有這個機會透過這本書傳遞，也希望透過這本書能夠對熱愛烘焙的朋友們有一點點的幫助。

「永遠不能滿足現況，今天超越昨天，這樣才會有進步的可能」，這句話是我一直很喜歡的一段話，也是督促著自己進步，在這也送給喜歡烘焙的朋友們。

食月半 Eat Bread 經營者

張永賢

SPECIAL THANKS.

本書能順利拍攝完成，在此謹向：山琳有限公司、福市企業有限公司、Lilian's House專業烘焙學苑、東聚國際食品有限公司的拍攝協助；徐紹桓、吳波、邱泰源、賴郁穎、林永青師傅協力製作，由衷致上謝意。

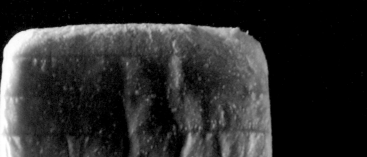

Contents

01

～洗練深邃～
歐式風味麵包

本書通則 ─────────────────────────────────────

* 麵團發酵、靜置時間，會隨著季節及室溫條件不同而有所差異，製作時請視實際狀況調整操作。

* 烤箱的性能會隨機種的不同有差異；標示時間、火候僅供參考，請配合實際需求做最適當的調整。食譜沒有特別標明時皆以烘烤
   溫度作為預熱溫度。

* 難易度分為5個階段來標示，每種麵包各有不同特色，配合製作的難易程度以記號標示等級難易，提供參考。

純樸麥香的
極致之味

以發酵熟成的風味為原點，完美掌控獨特
芳醇的好味，手製出食材與時間淬鍊的純
樸麥香，豐醇層次的美味。

洗練深邃	歐式風味
深度精粹	醇厚風味
黃金比例	菓子風味
熟成旨味	星野酵母風味
獨門絕活	究極風味

經由職人手路工藝，從技術背後的原由說
起，深入一層瞭解麵團裡的發酵美味之
謎…活用不同的麵種風味，通往芳醇的美
味之境，手作堅持蘊含獨有深度香氣的麥
香魅力。

BASIC MATERIALS

認識麵包的組成──
基本材料

詳加瞭解每種材料的作用，是通往美味的必經途徑，這裡就書中所使用的材料介紹，讓您確實掌握食材的特性。

Flour／麵粉

○ **法國粉**｜主要選用奧本惠法國粉和VIRON法國粉。惠法國粉操作性良好，膨脹力優良，成品口感佳，是款適合東方人的法國麵粉。VIRON是道地的法國小麥研磨而成，灰分高達0.5～0.6%，用於單純麵包製作最能表現出濃郁的麥香。

＊灰分，指的是存在小麥表皮及胚芽上的無機物質（礦物質）含量，會影響麵包的風味。法國粉的分類type45、type55、type65，是以灰分（礦物質含量）為分別，不是就筋性（蛋白質含量）來分，講究發酵風味類屬的，較適合灰分較多的粉類。

○ **高筋麵粉**｜蛋白質含量高，小麥中所含的蛋白質可分麥穀蛋白、醇溶蛋白、酸溶蛋白、白蛋白、球蛋白，其中前三種不溶於水，後兩者易溶於水而流失；製作麵團時，麥穀蛋白、醇溶蛋白會相互結合形成稱之為麵筋的蛋白質。蛋白質裡的麥穀蛋白多能讓麵筋膨脹性好、口感有彈性；醇溶蛋白多則能讓麵筋延展性好、化口性佳。

＊蛋白質含量越多越能膨脹起來，成為柔軟的麵包。

○ **低筋麵粉**｜蛋白質含量低，麵筋較弱，不適合單獨製作麵包，多會與高粉搭配製作使用。其主要目的是想要讓麵包呈現鬆軟的口感，多用於蛋糕、酥皮類產品。

○ **裸麥粉**｜裸麥粉不易產生筋性，攪拌成的麵團容易黏手，製作成的麵包紮實且厚重，具有獨特的酸香氣且濕潤的口感。

○ **全麥粉**｜由整顆小麥研磨而成，具有顆粒感的全麥粉，富含較高的纖維質，礦物質及維他命，能與其他麵粉做搭配使用。

關於灰分

灰分成分越少，麵包也會少了其中的深度及美味感。但灰分會阻礙麵包彈性及膨脹的作用，所以使用灰分成分過多的麵粉，會使麵團軟塌也較不容易膨脹。

Yeast／酵母

○ **新鮮酵母**｜相較其他形式的酵母，新鮮酵母裡約有70%水分、30%的酵母壓縮製作成濕潤塊狀，不需提前活性化，直接弄碎就可加入材料中攪拌使用。具滲透壓耐性，就算含糖量高的麵團，也不會被破壞，適合短時間發酵麵包製作，屬於短跑型式的酵母，多用於糖分高與冷凍型式的麵團。

○ **即溶乾酵母（速發乾酵母）**｜乾燥顆粒狀。不需預備發酵，可直接加入麵團當中使用。又有低糖、高糖乾酵母的分別，低糖乾酵母適用在無糖、低糖類型的麵團；高糖乾酵母具有較高耐糖性，在高糖量的麵團中能較完整發酵，適用糖量高的麵團。

＊有高糖、低糖乾酵母的分別，可依據糖對麵粉比例用量及發酵時間來使用，對麵粉比例8%以上使用高糖乾酵母；8%以下則使用低糖乾酵母。

○ **星野天然酵母種（HOSHINO）**｜粉末狀，是以日本國產小麥、米、麴與水培養釀製成的天然酵母，氣味芬芳可製作出濃厚香醇的麵包。使用前須先經過泡水甦醒酵母種的程序，完成效果穩定，為容易上手的種類。

Malt Extract／麥芽精

含澱粉分解酵素，能促進小麥澱粉分解成醣類，成為酵母的營養源，可提升酵母活性促進發酵。多運用在灰分值較高的麵粉，可優化發酵階段的膨脹力，而相較於未添加糖的麵團，加入麥芽精的麵團有助於烘烤時呈現漂亮烤色與風味的效果。

Sugar／細砂糖

砂糖是酵母的營養來源，具有幫助發酵作用。不僅能增添麵團甜味，也能讓麵團變得更柔軟；保濕性高，也能延緩老化防止麵包變硬和失去風味。高溫烤焙下砂糖本身的焦化反應，以及結合蛋白質的梅納反應，能增加麵包烘烤的顏色和香氣。

Water／水

水在麵包裡占了相當大的比例，麵粉中的蛋白質吸收水分會形成麵筋，構成麵包的骨架。可直接使用一般的飲用水，但依麵團種類的不同也會使用奶水、鮮奶或優格做替代或搭配使用，例如布里歐麵團以鮮奶來取代水使用。

Salt／鹽

平衡味道外，也能調節麵團發酵速度，緊實麵團的筋質，可讓筋性變得強韌有嚼勁，烘製出更漂亮、富彈性的麵包。鹽若加太多，也會抑制酵母活性；不夠時麵團會過度鬆弛，會影響質地份量。

Fresh Cream／動物性鮮奶油

富有濃郁的乳香風味，能讓麵團增加滑順、柔軟、保濕作用，適合各類材料豐富的麵包。

Butter／奶油

增添麵包的風味外，也能讓麵團延展性及柔韌度變得更好，可烘製出質地濕潤、富彈性的柔軟麵包。由於油脂的成分會阻礙筋性的形成，因此製作高油量麵團時多會等筋性形成後再加入麵團中攪拌。

Egg／雞蛋

蛋具有強化麵團組織，讓麵團保持濕潤口感的效果。可增加營養價值，提升麵包的香氣風味，其中蛋黃中的卵磷脂能提供乳化作用，能有效延緩麵包老化，增加柔軟度。

Milk／鮮奶

可賦予麵包濃郁香氣、柔軟質地，可取代麵團中的水分。要注意如用新鮮牛奶未經過熱處理，會造成麵團緊實、體積縮小，最好先加熱過破壞其中的乳清蛋白後再使用；若是脫脂奶粉皆已經熱處理過，則可直接添加於麵團中使用。

選用麵粉的重點

本書各種麵包的材料配方都有標示所使用的麵粉商品名。若是使用和標示不同種類的麵粉，可能會因蛋白質的含量不同，以致出筋度有所差異。若是無法使用相同的麵粉，欲選購其他品牌時建議可參考「粗蛋白」、「灰分」的含量挑選相近的麵粉。粗蛋白數值越高就能產生越強的麩質，至於灰分則是含量越多越能提升風味。

Sugar

Yeast

Malt Extract

Milk

Butter

Salt

Flour

Egg

Water

～豐富麵包風味的～
添加材料

添加果乾凸顯出其中的口感風味；掌握在麵團中加入果乾、堅果的時機，以及美味用法、搭配的份量，活用食材的特色風味，製作出各式風味，享受麵包製作的百變樂趣！

果乾、堅果等風味材料加入麵團製作，可以帶出別具一格的香氣和口感，讓麵包更具豐富的變化。只不過在麵團中加入添加材料多少會阻礙筋質作用，而減少麵包的份量，因此添加時必須控制加入的份量不可過多。

堅果

核桃、夏威夷豆、腰果等口感堅硬的堅果類，原則上添加的份量以不超過粉的50%，且使用前可先烤過增加香氣後，再使用不只色澤好、香氣十足，口感也較佳，不會有果仁的生味。由於加入麵團後會再烘烤，只要稍烘烤至金黃上色即可。

果乾

葡萄乾、蔓越莓、橘皮絲等果乾類，加入的份量則應控制在不超過粉的50%為宜，在製時可搭配酒類（像是蘭姆酒、櫻桃利口酒、紅酒等等）浸漬過會更添香氣。書中的酒漬葡萄乾，建議使用前先以葡萄乾與蘭姆酒（100g：20g）比例浸泡3天入味，待葡萄乾吸足香氣後使用風味更好。

草莓乾　　　　杏仁角　　　　夏威夷豆　　　　奇亞子

芒果乾　　　　藍莓乾　　　　開心果　　　　亞麻子

黃金葡萄乾　　　青提子　　　　葡萄乾　　　　無花果

柳橙皮絲　　　　核桃　　　　蜂蜜丁　　　　水蜜桃乾

Simple Way
to
Make Tasty Bread

掌握美味的流程關鍵──重點工序

造就膨鬆柔軟口感的製作工序都極具意義，因此請務必理解其中意義，秉持基本原則循序地進行。

▌瞭解專業麵包師的「製作流程」

書中每款麵包配方作法中同時標示出「製作流程」。

就每款麵包的製作方法做過程重點、時間、溫度（濕度）與重量的標示，熟練麵包的製作工序流程，就幾乎能理解此款麵包的製作方法，著手進行。

▌選取材料及前置處理

開始製作前，先考量配比，即使是相同的材料要選用何種產品，或想要強化、突顯品質的程度特色等，這些看似無關緊要的環節，卻全是製作美味麵包不容小覷的重要技術與知識。另外，也要先考量各種材料的前置處理。有必要進行特別前置工序的部分，都有相應的處理說明。例如酒漬果乾（無花果、葡萄乾等）的前置處理，都有分別的處理說明。

▌「混合攪拌」成形麵團

麵包主要是以麵粉、水和酵母等不同性質的物質組合成的，為了製作好吃的麵包，就必須經過攪拌使這些材料結合，使麵筋組織連結產生筋性。依據麵團的種類，會有不同的筋性狀態，必須以適合的攪拌程度，使麵團成為質量均等的理想狀態。

製作麵包時最重要的就是做出狀態好的麵團，以及適當發酵。因此必須注意麵團的狀態，像是攪拌時要就麵包類型調整，用適合的方式攪拌至合適狀態。以成分含較多砂糖、奶油、蛋，質地柔軟的高糖油成分（布里歐、菓子麵包類）來說，為做出柔軟、膨鬆的口感，攪拌時通常會以較長時間快速攪拌至麵筋呈現網狀結構、富彈性的完全狀態；若是強調紮實口感風味的低糖油成分（歐式麵包），則多以低速攪拌至麵筋不會過度形成的狀態。

另外，要注意的是有些食材對於麵筋形成有阻礙性，像是奶油會阻礙麵筋結合，而鹽對麵筋則會起緊實、收斂作用，通常不會在開始就加入，會在麵團攪拌到一定程度，也就麵筋組織確實連結後才添加（俗稱的後鹽法）。

麵團攪拌 5 階段

1 ｜混合材料

將油脂以外的所有材料均勻分散放入攪拌缸中以低速攪拌混合，使水分融合到麵粉裡，但麵團還是呈黏糊狀態，表面粗糙沾黏，不具彈力及伸展性，拉扯容易分離扯斷。

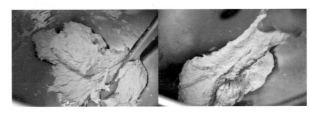

→麵團沾黏，用手拉很容易就可將麵團扯斷的狀態。

2 ｜拾起階段

粉類完全吸收水分已結成團，沾黏狀態消失，麵筋組織開始形成，漸漸會變得有延展性。也是形成麵筋組織的前期階段。

→用手拉起可見形成麵筋織開始產生彈力。

3 │ 捲起階段

　麵團材料完全混合均勻成團，麵筋組織已完成相當程度，可看出麵筋組織具彈力及伸展性。在此完成階段最後添加油脂。

→用手拉起麵團具有筋性且不易拉斷的程度。用手拉起可見形成麵筋組織具彈力及伸展性。

→奶油會影響麵團的吸水性與麵筋的擴展，必須等麵筋的網狀結構形成後再加入，否則油脂會阻礙麵筋的形成。

4 │ 擴展階段

　攪拌至油脂與麵團完全融合，油脂完全分散並包覆麵筋組織，伸展性變得更好。此階段的麵團轉變得較為柔軟光澤、有彈性，用手延展撐開的麵團薄膜呈現不透光，破裂口處呈現出不平整、不規則的鋸齒狀。

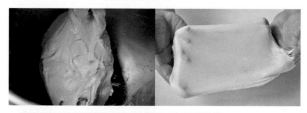

→撐開延展拉開兩邊可形成稍透明的薄膜狀態。

5 │ 完全擴展階段

　完成麵團的階段。麵團柔軟光滑、形成了網狀結構良好的麵筋組織狀態，富彈性及延展性，用手延展撐開的麵團薄膜時，呈現光滑有彈性、可透視的薄膜狀，破裂口處會呈現出平整無鋸齒狀。

→撐開輕輕延展開，呈現大片可透視的透明薄膜狀態（適用大部分麵團，細緻、富筋性吐司麵包）。

　依據麵包種類的不同，麵團配比與攪拌製作也會有所不同，想要達到理想的口感就要確實攪拌到各別該有的麵筋狀態。

形成麵筋

0　2　4　5　6　⑦　8　9　⑩（分筋）

法國麵包　　　　　　布里歐、吐司

＊蛋白質含量較多、筋性強的麵粉，適用力道強烈、高段速攪拌。
＊蛋白質含量較少、筋性弱的麵粉，適用力道較弱、低段速攪拌。

攪拌完成溫度（終溫）

　麵團溫度與水分的吸收、麵團的彈力、保存有關，因此溫度的控制很重要。麵團的最終溫度依麵包種類而定，以書中的麵團來說，基本上麵團攪拌的最終溫度約在22～24℃（部分例外會標明溫度），標示的溫度可作為理想的終溫參考，目的在配合後續的操作以利調節。

○攪拌麵團時控制麵團溫度的方法

　為維持麵團攪拌完成的理想終溫，有時會事先透過材料的溫度控制，讓攪拌完成時能維持在理想的溫度。以最常見的布里歐麵團來說（糖油含量高），為避免長時間攪拌升溫，導致酵母快速發酵過度，常採取的就是先將預備攪拌的材料（麵粉與含有水分的材料）冷藏降溫處理；或者使用冰塊水（或冷水）來控制調節，防止溫度上升。

○測量攪拌完成的溫度

　將溫度計插入攪拌完成的麵團中央，量測麵團的溫度。

麵筋狀態的確認

麵團的狀態是決定攪拌速度或攪拌完成的重要判斷標準，因此過程中必須以延展的麵團確認麵筋組織的狀態，做適合的調整。

○撐開麵團確認麵筋狀態

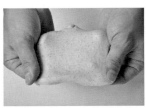

①取部分麵團，以指腹慢慢拉開麵團，由中心朝兩外側的方向延展撐開、拉薄麵團。

②至形成可透視指腹的程度、拉破薄膜時的力道、拉破時薄膜的光滑程度，確認揉和狀態。

用切拌折疊的方式混合用料

堅果或果乾等攪拌過度會攪破壓碎，因此在稍加攪拌混合後，可先取出，再以切拌、堆疊的方式加以均勻混合。折疊時，將整合的麵團分切為二再堆疊混合，重複分切堆疊混拌的方式直到大致將添加用料混合均勻即可。

○用切拌折疊的方式加以混合均勻

①將堅果或果乾加入麵團中低速稍加攪拌混合之後取出。

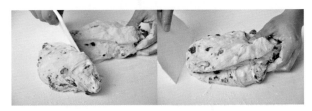

②將麵團用刮板分切為二、上下重疊放置。

③再對切、重疊放置，重複切拌混合的操作，直到材料平均分麵團中。

「發酵」製作麵包的重要關鍵

麵粉加入水經過攪拌後，麵粉中的蛋白質會與水分結合，就會形成富韌度與彈性的網狀組織（麵筋），是麵團重要的關鍵，因為麩質的強度，會讓成製後的麵包產生不同的口感。

至於酵母與水接觸後則會開始發酵作用，產生二氧化碳、酒精與其他有機酸等化合物，其中二氧化碳會使麵粉的筋質中充滿氣體，促使麵團膨脹，而酒精與有機酸則能促使麵團熟成，帶出麵包的風味與香氣，這也是醞釀麵包美味與否的關鍵所在。

理想發酵環境，基本發酵約在溫度28～30℃、濕度75～85%；中間發酵約在溫度28～30℃，濕度75%；最後發酵約在溫度32℃，濕度80%進行。特別是軟質麵包類會比講求發酵風味的硬質麵包類來得稍高1～2℃。另外在氣溫變化較大的季節，發酵的速度會有所差異，必須就麵團的發酵情況加以調整；無論是發酵或鬆弛過程中，注意避免麵團乾燥，要讓麵團維持濕潤狀態，這點非常重要，因此進行發酵時，可在表面覆蓋保鮮膜（或塑膠袋）避免麵團的水分流失。

○書中使用的發酵箱（附蓋容器）

攪拌完成的麵團放入發酵箱中，蓋上上蓋，進行發酵，書中使用的塑膠容器的大小約是64.8×42.3×100cm，適用於3～5kg麵團使用，可依麵團的用量選用適合的大小及深度。

過程中翻麵

從麵團攪拌完成到分割的過程中，會替麵團翻麵。所謂的翻麵也就是壓平排氣，指的是在基本發酵時將麵團壓平排氣的折疊操作。將麵團施以力道壓平排氣，不只是要將麵團內的氣體釋放出來，還要使較大的氣體氣泡變細，均勻分布麵團中，以促使酵母活化，達到讓麵團的溫度平衡，促使穩定完成發酵，提升麵筋張力的目的；讓麵團質地更加細緻，彈性變得更好。

壓平排氣的時間點，原則上在基本發酵時間的1/2時。太早進行，則壓平排氣的效果會不明顯，太晚進行時作用效果又會過大，會致使麵團的筋性過強。因此，若忘了翻麵操作或是較晚才進行時，壓平排氣的力道要輕柔些。

發酵溫度與翻麵力道的關係

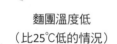

25℃

麵團溫度低	麵團溫度高
（比25℃低的情況）	（比25℃高的情況）
拉長基本發酵的時間，	縮短基本發酵的時間，
稍強勁力道翻麵	稍弱力道翻麵

○翻麵的方法

①從麵團中心往外均勻輕拍排出氣體。

②將麵團一側向中間折1/3並輕拍。

③再將麵團另一側向中間折1/3並輕拍。

④再從內側朝中間折1/3並輕拍

⑤再朝外折疊成3折，使折疊收合的部分朝下，整合平均。

基本發酵

利用手指來確認麵團發酵的狀態：將沾有高筋麵粉（或沾少許水）的手指輕輕戳入麵團底部側邊處測試。

○手指測試（Finger Test）

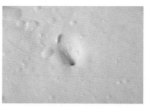

←**適度發酵**：手指戳下的凹洞大小幾乎無明顯變化，凹洞形狀維持，周圍呈現飽滿膨脹的狀態。

↑**發酵不足**：手指戳下的凹洞立刻回縮填補起來呈平面狀。

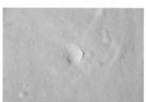

↑**過度發酵**：手指戳下的凹洞會變大，麵團周圍會塌陷而無回復。

▌「中間發酵」階段

麵團接觸的頻率越多就會產生越強的筋性，所以分割、滾圓時要小心碰觸且應迅速。中間發酵，就分割滾圓後的麵團而言是給予鬆弛時間，讓麵團的結構鬆弛恢復到理想狀態的過程。麵團分割後會產生強勁的筋性，較緊實不好延展，因此會就麵團做滾圓、靜置（約25～30分鐘）的調整，讓麵筋恢復原有彈性狀態，更易於後續的整型。

○分切麵團並測量

分切後的麵團應測量重量，就所需的大小重量，再添加或切下麵團進行重量的微調。

▌「最後發酵」階段

整型過程中麵團裡的部分氣體也會跟著流失，成型階段的發酵進行，就是要讓麵團裡能充滿了可提升麵包美味程度的香氣成分和酒精。最後發酵的時間稍長些（注意要避免麵團表面乾燥），製作出的麵包狀態會更安定、風味更佳。

○用發酵帆布做出凹槽

硬質系麵團整型完成進行最後發酵時，會先將發酵帆布鋪放在木板上，再折出凹槽放置麵團間隔開；這樣能讓麵團左右受到支撐，避免麵團的沾黏，能夠整齊劃一的膨脹。

○劃切割紋

硬質系麵包，在最後發酵完成的麵團表面劃切割紋，可促使麵團均勻膨脹，與美化外觀的作用。若想要切劃更深的線條時，可使用剪刀。

↑**方法A**。刀刃與麵團呈傾斜45度，宛如片切下表層般地迅速劃切。　↑**方法B**。刀刃與麵團呈直角般地劃切格紋線條。

▌「烘烤」完成

烘烤是最後的工序，無論是烘烤過度或不足，終是功虧一簣。烘烤溫度因麵包質地種類而異，糖油含量多的麵包類，烤溫不宜過高、時間也不宜過長，因為容易有上色過度、過焦情形。

因烤箱的不同，烤箱內部的四周可能會有熱力不均的狀況，為烤出美味的烘烤色澤，在麵包開始烤上色時，可將模型轉向，或將烤盤前後左右轉向的調整，好讓麵包烤出均勻色澤。若在烤焙中途，已出現上色過深的情形，則可在表面覆蓋烤焙紙做隔絕，避免烤焦。

▢立即脫模待冷卻

烘烤到金黃褐色時，必須迅速從烤箱中取出，連同烤盤在檯面震敲，讓麵包因受強力的撞擊，使內部的氣泡能大量殘留，防止烘烤收縮，以保有良好的口感狀態。烘烤出爐的麵包不要繼續放在模型中或烤盤上，要立即移至涼架、脫模放涼，這樣才能使熱度、水氣蒸發。

○冷卻烘烤完成的麵包

麵包出爐時，放置涼架上，在室溫中冷卻，讓麵包內多餘的水氣能及早散發，避免酥脆表層外皮因水氣的堆積而變得潮濕軟化。

熟悉不同的麵包工法&發酵種法

讓麵包鼓脹起來的膨大力量，不可或缺的就是酵母，
書中所運用的酵母有，一般市售麵包酵母，以及自製天然酵母等等。

以天然素材培養製成酵母，如書中葡萄酵母液，
發酵力微弱，但在繁複的發酵過程中會產生與美味、風味、香味有關的物質；
又或以酵母菌為原料起種製成的發酵麵種，
發酵較為強大，不僅可讓麵包膨脹，還會帶出濃厚的風味，
像是常用來製作麵包的星野酵母麵包種，魯邦種、法國老麵等⋯

從酵母的本種開始做起，需要耗費較長的時間工序，
但經過發酵培養出的發酵種，狀態穩定，具穩定發酵活力，
雖然有點費工，但慢慢釀酵成的風味，相對豐富迷人。

將不同特性的發酵種，運用在個性不同的麵包上，
能製作出不同程度，風味深奧的美味麵包，
品嚐得到酵母釀酵出的特有深邃香氣與層次豐富風味。

直接法

　　將所有的材料一次性加入攪拌、發酵的製作，也稱為直接攪拌法。以直接法攪拌發酵後的麵包，能品嘗到原始的麥香風味，口感也比較沒那麼輕盈（軟綿），較適合材料單純的麵包製作，不過由於程序直接單純、發酵時間短，麵團老化的速度會比較快。

中種法

　　中種法屬於兩階段式的製程，是取配方中一部分的麵粉（約50～70%左右），先經過一次攪拌、發酵後成中種麵團，再與主麵團的材料進行第二次攪拌、發酵的製法。一般來說，使用的中種比例為50%、60%、70%左右，發酵時間1～4小時都有，甚至可做成隔夜中種，運用中種法成製的發酵種，隨著發酵時間不同、中種比例不同，麵包展現出來的風味也有所不同。由於是分成兩次的攪拌，不但能節省時間，能讓麵筋的延展性較好，分量飽滿外，也有延緩老化，提升麵包發酵香氣與柔軟口感等特色。

液種法

　　液種法（又稱波蘭法，Poolish）。是以等量的麵粉和水（1:1）加上少量的酵母混合攪拌，經以長時間發酵致使酵母充滿活性力（引出麵團香氣），隔日再與其餘材料混合攪拌的製作方法。由於水分含量很高，當麵粉與水充分進行水合作用和發酵，酵母活性能更穩定，生成優質的香氣成分，因此透過低溫熟成製作成的麵包，不僅帶有濃厚的香味及濕潤感，口感也更加輕盈。液種比例從30～50%不等都有，比例越高，麵筋越軟化，在操作時較難控制；若將液種控制在30～40%左右會較好操作，也可以達到成品濕潤，口感輕盈的效果。適合低糖油含量的麵包製作。

自我分解法

　　自我分解法（又稱水合法，Autolyse），是由法國傳奇麵包權威雷蒙.卡爾維（Raymond Calvel）所開發提倡的方法。自我分解法，不是一開始就把全部的材料混合，而是先將麵粉與水攪拌均勻，短時的靜置15～30分鐘左右，讓麵粉吸收水分產生筋性後，再加入酵母、鹽等其他材料混合的製作。開始的攪拌，原則上會先就水和麵粉攪拌，因為在自我分解法的麵團中加入鹽等其他材料，會妨礙水合作用，等到自我分解水合完成後，再加入主麵團裡攪拌，這樣一來不只可讓澱粉與蛋白質充分吸收水分，形成麩質蛋白組織（筋性），有較好延展性，在第二次攪拌時，能縮短攪拌時間，也能避免鹽的干擾，使麵筋鏈縮得更短，可降低與氧氣接觸，能讓小麥風味更完整保留。

工具

○ 保存容器、攪拌器、pH（酸鹼值）檢測計、溫度計

　　培養酵母菌使可使用不鏽鋼調理盆來操作；透明狀的玻璃製密封容器可清楚看到內容物的狀態，適合用來培養發酵。

一般煮沸消毒

　　為避免雜菌的孳生導致發霉，使用的容器工具需事先煮沸消毒。

　　將鍋中加入可以完全淹蓋過瓶罐的水量，煮沸，放入瓶罐煮約1分鐘。再用夾子挾取出，倒扣放置、自然風乾。其他使用的工具，也要煮沸消毒。

酒精消毒法

　　將使用的工具噴灑上酒精（77%），再用拭紙巾充分擦拭乾淨即可。

01

發酵菌液

葡萄菌水

材料／

無油葡萄乾......................500g
細砂糖 250g
麥芽精 10g
水.................................1000g

前置作業／

酒精消毒殺菌：有使用的容器用酒精消毒殺菌，參見P27。

開始培養

❶備齊材料。

❷將水煮沸騰，待降溫冷卻至28～32℃。

❸將冷卻的水、細砂糖、麥芽精放入容器中攪拌融解，加入葡萄乾混合拌勻。

❹用保鮮膜和橡皮筋封住瓶口，表面用竹籤戳小孔洞，放置室溫（約28℃）靜置發酵。

❺每天輕搖晃瓶身均勻混合，1天1次。

❻重複作法5操作，培養4～5天活力強、6～7天風味濃郁。

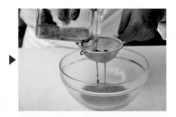

❼**葡萄菌水完成**。用網篩濾壓葡萄乾，將葡萄菌液濾取出使用。

· 葡萄菌液不必做成發酵母種就能直接使用。
· 葡萄菌液冷藏保存（5℃），約可保存10天左右。

Day1

葡萄乾往底部下沉，水呈透明狀，沒什麼變化。

Day2

葡萄乾吸收水分會開始膨脹，開始有浮起現象。

Day3

葡萄乾浮至水面，葡萄乾間的縫隙產生小氣泡。

Day4

氣泡變多，葡萄乾間出現大量氣泡。

Day5

氣泡增多，液體越來越混濁濃郁。

Day6

搖晃瓶身、稍作放置，發泡狀態變得微弱，活力漸減。

Day7

散發出水果酒般的發酵香氣就表代OK。

特色

使用葡萄乾、水、糖、麥芽精培養而成的葡萄菌水，麥芽精在此的功能是持續提供酵母養分，培養完成的葡萄菌水添加在中種、或液種裡，能讓麵包風味突顯芬芳。如果直接添加在麵團裡攪拌，萃取最直接的果實香氣，能品嘗到葡萄菌的風味，不論哪種方法，最終是要賦予麵團能更具風味與層次感。

02

發酵種

法國老麵

材料／

奧本惠法國粉	1000g
麥芽精	3g
低糖乾酵母	5g
鹽	20g
水	720g

特色

可直接將當日製作法國麵包的麵團中取出部分，經過隔夜低溫冷藏發酵，即可作為法國老麵使用，帶有微酸的發酵風味，與穩定的發酵力，能增加麵包的風味和膨脹力，適用各種類型的麵包；書中使用的法國老麵，是將攪拌好的麵團發酵60分後冷藏12小時以上使用。

開始培養

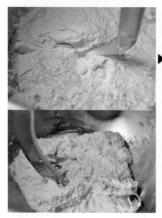

❶將法國粉、麥芽精、水低速攪拌混合均勻至無顆粒。

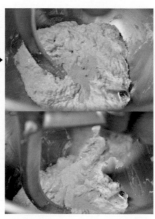

❷在麵團表面均勻撒上低糖乾酵母，室溫靜置15～30分鐘左右，進行自我分解。

> 相較之前此時麵團連結變強，有筋性。

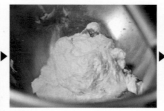

❸再低速攪拌1分鐘。

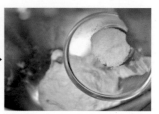

❹加入鹽先低速攪拌4分鐘混拌後，轉快速攪拌30秒。

發酵過程狀態

❺攪拌至成延展性良好的麵團（麵溫24℃）。

> 麵團延展開的薄膜狀態。

❻用保鮮膜覆蓋，放置室溫基本發酵約30分鐘。

❼將麵團輕拍壓平排氣，做3折2次的翻麵，整合麵團繼續發酵約30分鐘，再冷藏發酵（約5℃）約12小時。

發酵1天後組織結構。

03

발효種 發酵種

湯種

材料／

高筋麵粉 100g
細砂糖 10g
鹽..................................1g
沸水（100℃）................100g

開始培養

❶備齊材料。

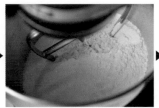

❷將高筋麵粉、細砂糖、鹽稍混合攪拌均勻。

❸再倒入沸水攪拌混合均勻。

❹攪拌混合均勻（約55℃）至無粉粒。

❺待冷卻，覆蓋保鮮膜，冷藏隔天使用。

・冷藏可保存5天。

特色

湯種是以澱粉的糊化為主要目的，主要是以熱水倒入麵粉裡攪拌混合，讓澱粉糊化至55℃。由於成製的湯種為已糊化過的澱粉，因此添加在麵團裡製成的麵包，帶有自然的甘甜味外，也更富濕潤Q彈的口感特色。一般添加的用量大約介於10～30%左右。

04

發酵種

魯邦種

本種材料／

裸麥粉 250g
麥芽精 5g
飲用水 300g

前置作業／

酒精消毒殺菌，參見P27。

酒精消毒殺菌，參見P27。

開始培養

*不同的室內環境，會造成發酵時間的不同，製作時需觀察發酵狀態。

Day1

❶備齊材料。

❷水、麥芽精先融解均勻。

❸加入裸麥粉攪拌至無粉粒。

❹待表面平滑，覆蓋保鮮膜，室溫（溫度28℃，濕度70％）靜置發酵24小時。

Day1 培養成發酵母種

特色

魯邦種的特色在於深邃迷人的乳酸風味，其風味源自於魯邦種當中的乳酸菌較多，酵母菌較少。使用魯邦種最大目的為突顯乳酸發酵風味，魯邦種的酸則可軟化麵筋，能延緩麵包老化，增加保濕效果。魯邦種基本是以pH3.6～pH3.8使用，pH基本上相差0.1，強度就差1倍，例如pH3.6就比pH3.7的酸性強了1倍，因此若pH過低（pH3.4）就不太適用，因為酸性過強容易造成麵筋過軟，味道過酸；相反的pH太高（pH4.2）則效果會不明顯，乳酸風味也無法呈現。

Day2

❶第1天發酵母種250g、VIRON 法國粉 250g、飲用水250g。

❷第1天發酵母種，加入飲用水先攪拌均勻。

❸再加入法國粉混合拌勻，待表面平滑，覆蓋保鮮膜，在室溫（溫度28℃，濕度70％）靜置發酵24小時。

Day2 培養成發酵母種

Day3

❶第2天發酵母種250g、VIRON 法國粉 250g、飲用水250g。

❷第2天發酵母種，加入其他材料混合攪拌均勻。

❸待表面平滑，覆蓋保鮮膜，在室溫（溫度28℃，濕度70％）靜置發酵24小時。

Day3 培養成發酵母種

Day4

❶ 第3天發酵母種250g、VIRON 法國粉 250g、飲用水250g。

❷ 第3天發酵母種，加入其他材料混合攪拌均勻。

❸ 待表面平滑，覆蓋保鮮膜，在室溫（溫度28℃，濕度70%）靜置發酵12小時（酸鹼值為pH4），再移置冷藏（5℃）靜置發酵24小時，完成魯邦本種。隔天即可使用並續種。

Day4 培養成發酵母種

Day5

Day5 即可開始使用魯邦本種。
魯邦種的續養，可依循下列配方持續以每**2**天續養一次。

魯邦種的續養

❶ 第4天魯邦種100g、VIRON 法國粉 200g、飲用水250g。

❷ 第4天魯邦種，加入其他材料混合攪拌均勻。

❸ 待表面平滑，覆蓋保鮮膜，在室溫（溫度30℃，濕度70%）靜置發酵4小時，再移置冷藏（5℃）靜置發酵12～18小時。此後每2天持續此工序的續種操作。

發 酵 種

星野天然酵母麵包種

星野酵母粉種（赤種）

保存：冷藏（0-5℃），開封後30天內使用完畢。

賞味：未拆封條件下可保存（0-5℃）1年。

關於星野天然酵母
Hoshino Natural Yeast

　　日本星野天然酵母麵包種，依循日本傳統古法釀造技術應用生產的發酵種，主要是以小麥、米、麴菌及水來培養釀製，不使用任何添加物為其特徵。在發酵過程中由於麴菌或乳酸菌的作用，產生美味的成分。香氣濃厚、風味層次分明，無論軟式、歐式麵包都適用，可呈現出獨特小麥香氣與高吸水率，達到內部組織濕潤，與口感Q彈的特色。

漂白水消毒法

❶將水與漂白水以100：1的比例稀釋混合。

❷將所有使用的器具與容器噴上稀釋後的漂白水消毒殺菌約5分鐘。

❸用大量的溫水徹底清洗乾淨至無味道即可，倒扣放置至完全風乾。

培養本種的容器

培養星野酵母種時，最好使用不鏽鋼材質容器。培養所使用的器具在清洗乾淨後，用稀釋漂白消毒液浸泡消毒殺菌，最後再用溫水徹底沖洗至無殘留與氣味後即可使用。

A

星野生種

材料／

星野酵母粉......................100g
溫水（30℃）...................200g

前置作業／

漂白液消毒殺菌，參見P35。

＊不適用酒精消毒，會抑制酵母
　的生長。

開始培養

❶備齊材料，調整溫水水溫
備用。

❷將溫水、星野酵母粉（麵
包種：溫水＝1：2）放入容
器中，仔細攪拌混合均勻。

❸蓋上瓶蓋，放置室溫（約
28℃）靜置發酵約20小時
（pH4.5左右）。

❹移置冷藏（約5℃）保存
（約可存放7天），最好在
一週內使用完畢。

POINT
溫度控管非常重要，發酵種
的溫度避免超過30℃。發
酵時間的長短取決環境的溫
度，在室溫的狀態下，夏季
較快，而冬季較慢些。

發酵過程狀態

攪拌完成狀態。生種吸收水分後呈現粗糙的豆渣狀態。

12小時狀態（冒泡膨脹）。酵母的活動力變得活潑，中
心逐漸冒泡膨脹。

24小時狀態（穩定之後）。完成時的質地變得濃稠滑
順。酒糟的氣味濃烈。

B

星野魯邦種

材料/

奧本惠法國粉..................500g
星野生種（P36）...............50g
鹽.................................10g
水..................................500g

前置作業/

漂白液消毒殺菌，參見P35。

開始培養

❶備齊材料。

❷將水、鹽加入星野生種中，仔細攪拌混合均勻。

❸再加入法國粉攪拌混合至無顆粒。

❹蓋上瓶蓋，放置室溫（約30℃）靜置發酵約6小時（pH5左右）。移置冷藏（約5℃）保存（約可存放7天）。

發酵過程狀態

攪拌完成。

6小時後。

特色	以小麥粉、米、麴菌釀造成，是種擁有複數菌種的天然酵母，有著豐富，多層次的香氣。書中使用的是星野酵母小麥粉種（赤種），香氣濃厚，風味層次分明，適合軟式、歐式麵包的製作，可呈現出獨特的小麥香氣，達到內層組織濕潤且口感Q彈的特色。

星野蜂蜜種

材料／

奧本惠法國粉 500g
星野生種（P36）................. 50g
鹽 9g
細砂糖 25g
蜂蜜 50g
水 500g

前置作業／

漂白液消毒殺菌，參見P35。

開始培養

❶備齊所有材料。

❷將水、鹽、細砂糖、蜂蜜
加入星野生種中仔細拌勻。

❸再加入法國粉攪拌混合至
無顆粒。

❹蓋上瓶蓋，放置室溫（約
30℃）靜置發酵約6小時
（pH5.5左右）。移置冷藏
（約5℃）保存（約可存放7
天）。

發酵過程狀態

攪拌完成。

6小時後。

特色　書中運用的星野蜂蜜種，是幾年前日本老師來台灣授課時所分享的獨門風味，其最大特色是添加蜂蜜的蜂蜜種經過6小時
發酵後，有著非常醇厚的蜜香，添加在麵團裡能有效地縮短發酵時間，保濕性與風味上的展現。

01

~洗練深邃~
歐式風味麵包

經典法棍

特選VIRON法國麵粉製作，利用Poolish
來表現出此法國麵包濃郁小麥香氣與保
濕性，因小麥品種跟日本法國粉有所不
同，攪拌時特地保留少部分水量在筋度
形成時再添加，這樣一來能有效地縮短
攪拌時間，跟氧氣接觸的程度降低，更
能保留小麥的風味。

剖面特色	麵團膨脹力大，柔軟內側可看出混有各種大小的孔洞，表層外皮薄且爽脆，成品較有輕量感。
難易度	★★★★★
製法	液種法
份量	4條

INGREDIENTS

[液種]

VIRON法國粉....................300g
水.....................................300g
低糖乾酵母......................... 1g

[主麵團]

VIRON法國粉....................700g
低糖乾酵母........................ 3.5g
鹽......................................20g
水.....................................360g
後加水 30g

液種製作

所有材料攪拌均勻,室
溫發酵2小時,冷藏發酵
12～18小時。

↓

主麵團攪拌

材料低速攪拌2分鐘,加
入酵母中速攪拌2分鐘,
加入鹽攪拌1分鐘,加入
水混合攪拌7分筋,終溫
22℃。

↓

基本發酵、翻麵排氣

45分鐘,壓平排氣、翻麵
45分鐘。

↓

分割

麵團350g,拍折成橢圓
狀。

↓

中間發酵

25分鐘。

↓

整型

折成60cm長條狀。

↓

最後發酵

50分鐘,斜劃6刀口。

↓

烘烤

前蒸氣、後蒸氣。上火220℃／
下火200℃,25分鐘。

STEP BY STEP

01 | 液種製作

將水、低糖乾酵母用打蛋器攪
拌融解,加入法國粉混合攪拌
到無粉粒狀。

⋮

用保鮮膜覆蓋放置室溫(約
28℃)發酵2小時,再冷藏發
酵12～18小時。

▼

表面中間呈凹陷狀態,液種
發酵完成。

---

02 | 主麵團攪拌

將液種、法國粉、水開始以低
速攪拌2分鐘,加入低糖乾酵
母攪拌2分鐘。

⋮

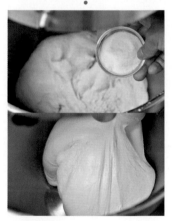

再加入鹽攪拌1分鐘拌勻。

▼

麵團延展開的薄膜狀態。

POINT
酵母直接與鹽接觸時會導致發
酵力降低,所以先將酵母與其
他材料混拌後再加入鹽。

⋮

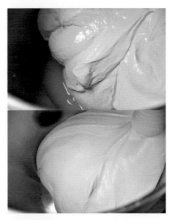

倒入後加水拌勻至7分筋。

▼

麵團延展開，可拉出均勻薄膜、筋度彈性，終溫22℃。

⋮

整合麵團使表面緊實，放置發酵箱中，蓋上發酵箱蓋。

03 | 基本發酵、翻麵排氣

基本發酵約45分鐘。輕拍壓整體麵團。

⋮

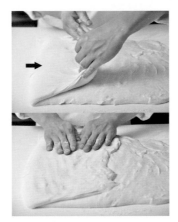

從左側朝中間折1/3，輕拍壓。

⋮

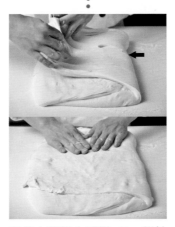

再從右側朝中間折1/3，輕拍壓。

⋮

由內側朝外折1/3，輕拍壓。

⋮

再向外折1/3將麵團折疊起來。

⋮

繼續發酵約45分鐘。

▼

麵團發酵完成的狀態。

POINT
麵團整體以相同的力道按壓很重要，按壓方式不均勻時，麵團中的氣體含量也會不均勻。

04 | 分割、中間發酵

麵團分割成350g，輕拍稍平整。

⋮

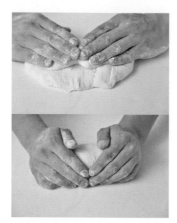

由內側往外側捲折，收合於底。

稍微滾動整理麵團成橢圓狀，讓表面變得飽滿，中間發酵約25分鐘。

▼

麵團中間發酵完成的狀態。

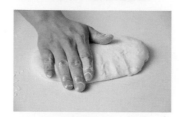

用手掌輕拍麵團排出氣體、平順光滑面朝下。

從內側往中間折1/3，用手指按壓折疊的接合處使其貼合。

再由外側往中間折1/3。

用手指按壓折疊的接合處使其貼合。

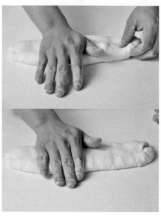

用手掌的根部按壓接合處密合，輕拍均勻。

再由外側往內側對折，滾動按壓接合處密合，由中心往兩側搓成棒狀。

輕輕滾動延展成約60cm細長狀。

:

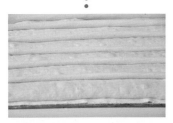

將麵團收口朝下，放置折凹槽的發酵布上，最後發酵約50分鐘。

POINT
把發酵帆布折成凹槽隔開左右兩側，可防止發酵麵團變軟塌形。

:

用移動板將麵團移到滑送帶上（slip belt）。

:

在表面呈45度角的斜劃出6道刀口。

POINT
每條刀紋的長度須一致，前後相鄰的刀紋約呈1/3重疊的平行劃切。

06 | 烘烤

用上火220℃／下火200℃，入爐後開蒸氣3秒，烤焙2分鐘後，再蒸氣3秒，烘烤約25分鐘。

炙燒明太子

傳統法國麵團，搭配帕瑪森起司粉與明
太子醬做雙重的美味結合，帕瑪森起司
粉特有的香氣風味與明太子醬非常對
味，是款大人、小孩都會喜歡的口味。

剖面特色	麵包膨脹力大，孔洞大小不一，表皮薄，內層有Q感，成品較有輕量感。
難易度	★★★
製法	液種法
份量	約8條

INGREDIENTS

[液種]

VIRON法國粉.....................150g
水....................................150g
低糖乾酵母.........................0.5g

[主麵團]

VIRON法國粉.....................350g
低糖乾酵母...........................2g
鹽.......................................10g
水.....................................180g
後加水................................15g

[表面用]

明太子醬、海苔粉

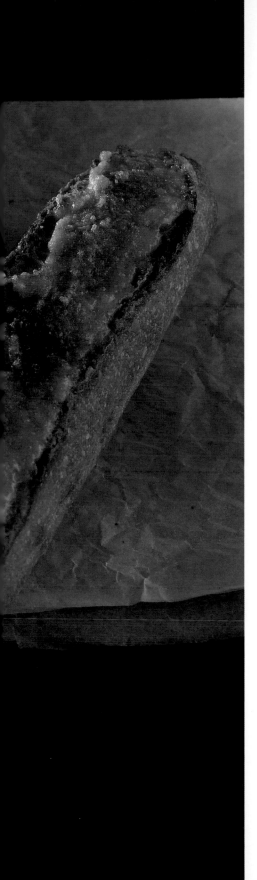

液種製作

　　所有材料攪拌均勻，室溫發酵2小時，冷藏發酵12～18小時。

主麵團攪拌

　　材料低速攪拌2分鐘，加入酵母攪拌2分鐘，加入鹽攪拌1分鐘，加入水混合攪拌7分筋，終溫22℃。

基本發酵、翻麵排氣

　　45分鐘，壓平排氣、翻麵45分鐘。

分割

　　麵團100g，拍折成橢圓狀。

中間發酵

　　25分鐘。

整型

　　折成20cm長條狀。

最後發酵

　　50分鐘，斜劃1刀口。

烘烤

　　前蒸氣、後蒸氣。上火240℃／下火200℃烘烤16分鐘。

組合

橫剖開，抹上明太子醬，稍烤過，灑海苔粉。

STEP BY STEP

01 | 麵團製作

液種製作參見P40-45「經典法棍」，作法1。

主麵團製作參見P40-45「經典法棍」，作法2-3，進行攪拌、基本發酵、翻麵排氣，完成傳統法國麵團的製作。

02 | 分割、中間發酵

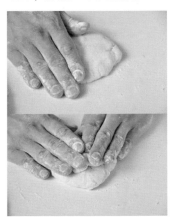

麵團分割成100g，輕拍稍平整，由內側往外側捲折。

收合於底。

稍微滾動整理麵團成橢圓狀，讓表面變得飽滿，中間發酵約25分鐘。

03 | 整型、最後發酵

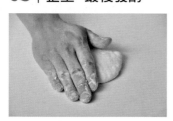

用手掌輕拍麵團排出氣體、平順光滑面朝下。

從內側往中間折1/3，用手指按壓折疊的接合處使其貼合。

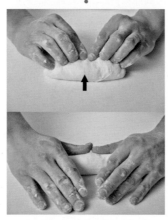

再由外側往中間折1/3，用手指按壓折疊的接合處使其貼合。

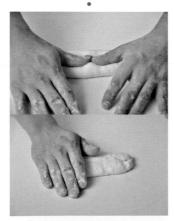

用手掌的根部按壓接合處密合，輕拍均勻。

再由外側往內側對折，滾動按壓接合處密合，由中心往兩側搓成棒狀，輕輕滾動延展成約20cm細長狀。

將麵團收口朝下，放置折凹槽的發酵布上，最後發酵約50分鐘。

POINT
把發酵帆布兩側的布巾折出皺折，可支撐麵團不會向側面攤塌。

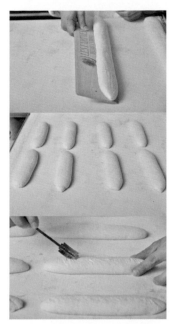

用移動板將麵團移到滑送帶上。在表面呈45度角的斜劃出1道刀口。

POINT
若沒有移動板，可利用硬板子或厚紙板來輔助移動麵團。

04 | 烘烤、組合

用上火240℃／下火200℃，入爐後開蒸氣3秒，烤焙2分鐘後，再蒸氣3秒，烘烤約16分鐘。

POINT
蒸氣秒數若太長，會導致麵團過度潮濕，使表面割痕深度受影響。

⋮

將麵包體橫剖開（不切斷），在表層、剖開處抹上明太子醬。

⋮

再稍微烘烤2分鐘，在表面灑上海苔粉。

POINT
抹上明太子餡，稍烘烤過讓油脂能完全的化開與麵包體融合，再灑上海苔粉風味更佳。

明太子醬

INGREDIENTS

明太子 150g
美乃滋 150g
無鹽奶油 75g
檸檬汁 7.5g
鹽 1.6g
帕瑪森起司粉 1.6g

STEP BY STEP

將所有材料混合攪拌均勻即可。

三感美味法國

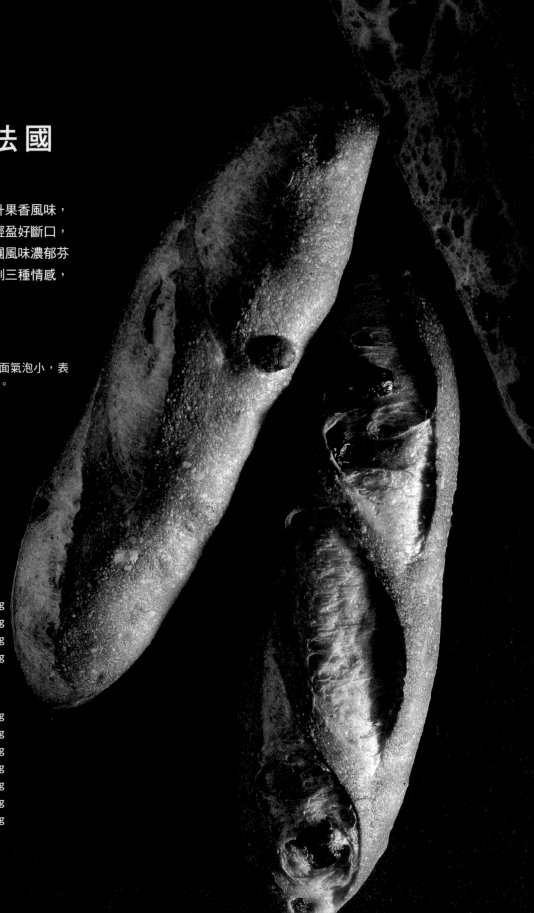

麵團中添加葡萄菌水來提升果香風味，
以中種法製作，讓麵團更輕盈好斷口，
透過低溫長時間發酵讓麵團風味濃郁芬
芳，能讓品嘗的人能體會到三種情感，
感情、感覺、感動。

剖面特色	麵包體積大，剖面氣泡小，表皮薄，成品略重。
難易度	★★★★
製法	中種法
份量	約10條

INGREDIENTS

[中種]

奧本惠法國粉....................150g
法國老麵（P30）................50g
裸麥粉...............................20g
葡萄菌水（P28）..............140g

[主麵團]

奧本惠法國粉....................800g
鹽.......................................20g
低糖乾酵母..........................4g
麥芽精.................................3g
魯邦種（P32）....................30g
水.....................................620g
酒漬葡萄乾........................300g

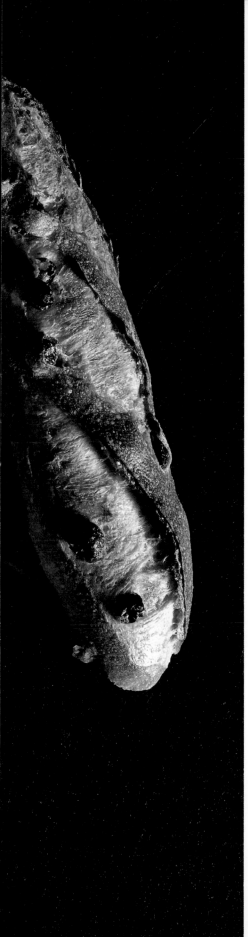

中種製作

所有材料攪拌均勻，室溫發酵12〜18小時。

↓

主麵團攪拌

材料低速攪拌2分鐘，加入酵母攪拌1分鐘，加入鹽攪拌3分鐘，轉快速攪拌30秒，加入葡萄乾拌勻，終溫23℃。切拌折疊混合。

↓

基本發酵、翻麵排氣

45分鐘，壓平排氣、翻麵45分鐘。

↓

分割

麵團200g，拍折成橢圓狀。

↓

中間發酵

25分鐘。

↓

整型

折成長條狀。

↓

最後發酵

50分鐘，斜劃3刀口。

↓

烘烤

前蒸氣、後蒸氣。上火230℃／下火200℃烘烤20分鐘。

01 │ 酒漬葡萄乾

葡萄乾300g、蘭姆酒60g一起浸泡約3天至滲透入味，風味較佳。

02 │ 中種製作

將所有材料用低速攪拌5分鐘混合均勻，整合麵團成圓球狀。

⋮

放入容器中，用保鮮膜覆蓋，放置室溫（約18℃）發酵12～18小時（約1倍大）。

▼

麵團發酵完成的狀態，麵團組織。

03 | 主麵團攪拌

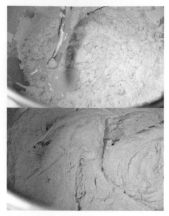

將中種、法國粉、水、麥芽精、魯邦種用低速攪拌2分鐘。

⋮

加入低糖乾酵母攪拌1分鐘拌勻。

▼

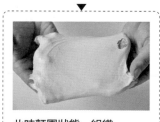

此時麵團狀態、組織。

⋮

再加入鹽攪拌3分鐘，轉快速攪拌30秒。最後加入葡萄乾拌勻。（麵團延展開，可拉出均勻薄膜、筋度彈性，終溫23℃）。

⋮

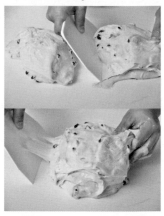

分切麵團、上下重疊，再對切、重疊放置，依法重複切拌混合的操作，至混合均勻。

⋮

整合成圓球狀，放置發酵箱中，蓋上發酵箱蓋。

04 | 基本發酵、翻麵排氣

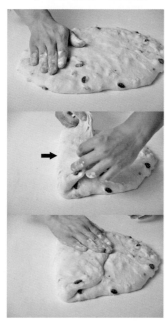

基本發酵約45分鐘。輕拍壓整體麵團,從左側朝中間折1/3,輕拍壓。

⋮

再從右側朝中間折1/3,輕拍壓。

⋮

由內側朝外折1/3,輕拍壓,再向外折1/3將麵團折疊起來,繼續發酵約45分鐘。

05 | 分割、中間發酵

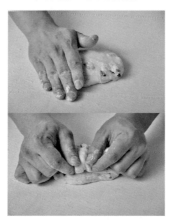

麵團分割成200g,輕拍稍平整,由內側往外側捲折,收合於底。

⋮

稍微滾動整理麵團成橢圓狀,讓表面變得飽滿,中間發酵約25分鐘。

06 | 整型、最後發酵

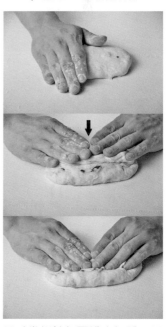

用手掌輕拍麵團排出氣體、平順光滑面朝下。從內側往中間折1/3,用手指按壓折疊的接合處使其貼合。

⋮

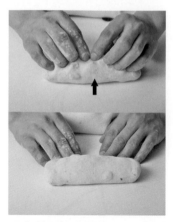

再由外側往中間折1/3，用手指按壓折疊的接合處使其貼合。

⋮

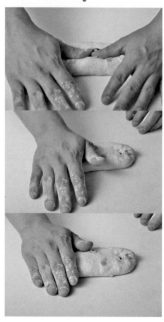

用手掌的根部按壓接合處密合，輕拍均勻。

⋮

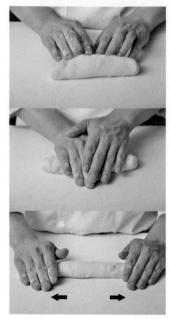

再由外側往內側對折，滾動按壓接合處密合，由中心往兩側搓成棒狀，輕輕滾動延展成細長狀。

⋮

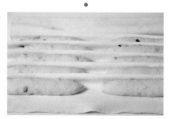

將麵團收口朝下，放置折凹槽的發酵布上，最後發酵約50分鐘。

⋮

用移動板將麵團移到烤焙紙上。用割紋刀在表面呈45度角的斜劃出3道刀口。

07 | 烘烤

用上火230℃／下火200℃，入爐後開蒸氣3秒，烤焙2分鐘後，再蒸氣3秒，烘烤約20分鐘。

POINT
手持割紋刀時，刀片需往身體側傾斜約45度角割出紋路，法國麵包才會出現漂亮的裂痕。

味覺搭配！與長棍麵包的美味組合

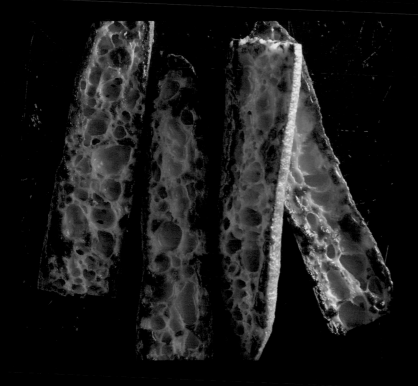

法國甜味兒

INGREDIENTS

A 法國麵包
B 切達起司醬
  起司片.............................78g
  動物鮮奶油.....................70g
  細砂糖.............................45g
  無鹽奶油.........................55g

STEP BY STEP

① 所有材料放入鍋中，隔水加熱
  拌煮至完全融化，待冷卻。
② 法國麵包切4等份，塗抹上切
  達起司醬（約50g），用上火
  240℃／下火170℃烤約7分
  鐘。

花生厚切培根

INGREDIENTS

A 法國麵包
B 花生醬、厚切培根、蜂蜜

STEP BY STEP

① 厚切培根用平底鍋煎至微焦香
  金黃，取出備用。
② 法國麵包切成8等份，塗抹上
  花生醬（約30g），再鋪放上
  厚切培根，淋上少許蜂蜜即
  可。

蜜桃烏龍

烏龍茶搭配水蜜桃，茶葉添加在液種裡
跟冷泡茶的原理一樣，茶葉冷泡後可減
少茶單寧酸的釋出，減少了苦味更加甘
甜，淡淡的茶香加上微甜的水蜜桃乾，
呈現出高雅的奢華感。麥香、果香、茶
香三味一體。

剖面特色	外層的口感適中，氣泡小且平均，內層果乾均勻分布和烏龍茶特有的色澤。
難易度	★★★
製法	液種法
份量	約5個

［液種］

奥本惠法國粉 300g
低糖乾酵母 1g
烏龍茶粉 8g
水 320g

［主麵團］

A 奥本惠法國粉 700g
　鹽 15g
　低糖乾酵母 4g
　麥芽精 3g
　水 380g
　蜂蜜 60g
B 水蜜桃乾 300g
　核桃 120g

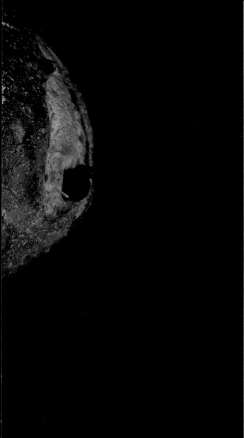

液種製作

> 烏龍茶粉浸泡水中。將所有材料攪拌混合均勻,室溫發酵2小時,冷藏發酵12～18小時。

↓

主麵團攪拌

> 將液種與所有材料(除酵母、蜂蜜外)低速攪拌2分鐘,加入酵母攪拌4分鐘,加入蜂蜜攪拌2分鐘,加入水蜜桃乾、核桃混合攪拌,終溫24℃。切拌折疊混合。

↓

基本發酵、翻麵排氣

> 45分鐘,壓平排氣、翻麵45分鐘。

↓

分割

> 麵團440g,折疊滾圓。

↓

中間發酵

> 25分鐘。

↓

整型

> 折疊成圓球狀。

↓

最後發酵

> 50分鐘,篩灑上裸麥粉,切劃4刀口。

↓

烘烤

前蒸氣、後蒸氣。上火210℃／下火180℃烘烤26分鐘。

01 | 液種製作

將水加入低糖乾酵母用打蛋器攪拌融解,加入烏龍茶粉拌勻至吸收水分釋出香氣。

⋮

再加入法國粉攪拌混合均勻到無粉粒狀,用保鮮膜覆蓋放置室溫(約28℃)發酵2小時,冷藏發酵12～18小時。

▼

液種發酵完成的狀態。

02 | 主麵團攪拌

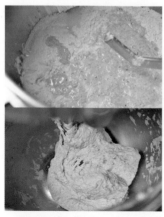

將液種、法國粉、鹽、麥芽精、水以低速攪拌2分鐘攪拌混合。

加入低糖乾酵母攪拌4分鐘拌混後。

再加入蜂蜜攪拌2分鐘。

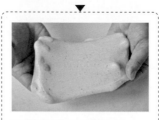

麵團延展開的薄膜狀態。

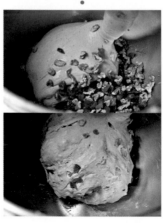

最後加入水蜜桃乾、核桃混合拌勻。（麵團延展開，可拉出均勻薄膜、筋度彈性，終溫24℃）。

POINT
可將烏龍茶換成其他茶粉，水蜜桃乾也可用其他果乾或堅果來變化。

分切麵團、上下重疊，再對切、重疊放置，依法重複切拌混合的操作，至混合均勻。

整合成圓球狀，放置發酵箱中，蓋上發酵箱蓋。

03 | 基本發酵、翻麵排氣

基本發酵約45分鐘。輕拍壓整體麵團，分別從左側、右側朝中間折1/3，輕拍壓。

再由內側朝外折1/3，輕拍壓，再向外折1/3將麵團折疊起來，繼續發酵約45分鐘。

04 │ 分割、中間發酵

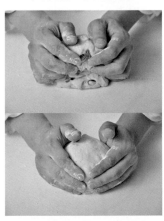

麵團分割成440g，輕拍稍平整，由內側往外側捲折，收合於底，滾動成圓球狀，中間發酵約25分鐘。

05 │ 整型、最後發酵

用手掌輕拍麵團排出氣體、平順光滑面朝下。由內側往外側對折起，收合於底，滾圓。
⋮

將麵團收口朝下，放置折凹槽的發酵布上，最後發酵約50分鐘。移置烤焙紙上，表面鋪放圖紋膠片，篩灑上裸麥粉（份量外），用割紋刀在四側切割4道刀口。

POINT
篩灑的裸麥粉用於裝飾，能突顯出圖紋即可，不必灑太多，篩灑上的粉經烘烤後還會存在，過多的粉也會影響口感。

06 │ 烘烤

用上火210℃／下火180℃，入爐後開蒸氣3秒，烤焙2分鐘後，再蒸氣3秒，烘烤約26分鐘。

纖果多繽紛葡萄

加州葡萄乾的甜美多汁、黃金葡萄乾的
美味與金黃色澤、青提子清爽的酸甜，
在麵團中加入三種不同的葡萄乾組合搭
配，製作成口感豪華，色彩和風味都令
人垂涎三尺，如同名字般展現豐富而繽
紛風味。

剖面特色	組織氣泡小，外皮薄，口感柔軟。
難易度	★★
製法	直接法
份量	約7個

INGREDIENTS

[麵團]

A	奧本惠法國粉 700g		B	新鮮酵母 30g
	貝斯頓高筋麵粉 300g			法國老麵（P30）.......... 150g
	細砂糖 60g		C	葡萄乾 200g
	鹽 16g			青提子 150g
	蛋黃 100g			黃金葡萄乾 200g
	無鹽奶油 30g			
	水 650g			

攪拌麵團

材料 Ａ 低速攪拌3分鐘，加入新鮮酵母中速攪拌2分鐘，加入法國老麵攪拌2分鐘。切取外皮麵團560g，其餘中速攪拌1分鐘，加入材料 Ｃ 拌勻，終溫26℃。切拌折疊混合。

↓

基本發酵、翻麵排氣

30分鐘，壓平排氣、翻麵30分鐘。

↓

分割

內層麵團290g、外皮80g，折疊收合滾圓。

↓

中間發酵

25分鐘。

↓

整型

外皮擀成方片狀，內層折成四方狀，包覆整型。

↓

最後發酵

45分鐘，篩灑裸麥粉、劃2刀口。

↓

烘烤

前蒸氣、後蒸氣。上火210℃／下火170℃烘烤24分鐘。

01 | 攪拌麵團

將所有的材料 Ａ 用低速攪拌3分鐘。

⋮

轉中速加入新鮮酵母攪拌2分鐘，用刮板刮缸聚集麵團。

▼

麵團延展開的狀態。

⋮

再加入法國老麵攪拌2分鐘。

▼

麵團延展開的狀態。

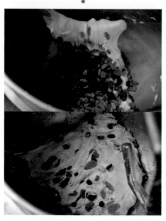

先將麵團分割取出外皮麵團（560g），其餘用中速攪拌1分鐘後，再加入材料C拌勻（麵團延展開，可拉出均勻薄膜、筋度彈性，終溫26℃）。

分切麵團、上下重疊，再對切、重疊放置，依法重複切拌混合的操作，至混合均勻。

POINT
酒漬葡萄乾。可依葡萄乾與蘭姆酒（100g：20g）的比例浸泡入味，風味較佳。

整合成圓球狀，放置發酵箱中，蓋上發酵箱蓋。

02 | 基本發酵、翻麵排氣

基本發酵約30分鐘。輕拍壓整體麵團。

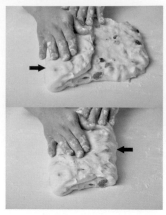

從左側朝中間折1/3，輕拍壓，再從右側朝中間折1/3，輕拍壓。

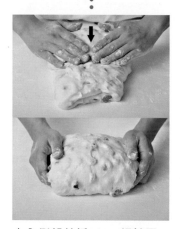

由內側朝外折1/3，輕拍壓，再向外折1/3將麵團折疊起來，繼續發酵約30分鐘。

03 | 分割、中間發酵

內層麵團分割成290g、外皮麵團80g。外皮麵團輕拍稍平整，滾圓。

將內層麵團滾動收合滾圓。中間發酵約25分鐘。

04 | 整型、最後發酵

內層

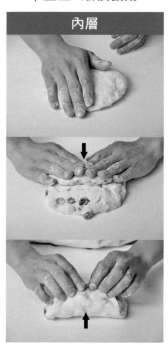

用手掌輕拍麵團排出氣體、平順光滑面朝下。分別從內側與外側往中間折起1/3。
• •

用手指按壓折疊的接合處使其貼合。用手掌的根部按壓接合處密合，均勻輕拍。
• •

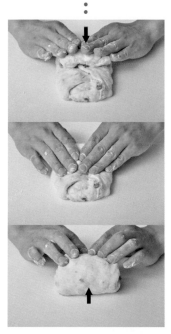

轉縱向，由內側往中間折1/3，稍按壓接合處使其貼合，再由外側往中間折疊起。
• •

用手指按壓折疊的接合處使其貼合。用手掌的根部按壓接合處密合，整型四方形狀。

外皮

用手掌輕拍扁外皮，先縱向擀成圓片，再轉橫向擀成圓片狀。
• •

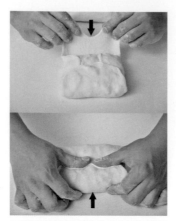

將外皮光滑面朝下，表面薄刷橄欖油（四周預留不塗刷），將內層麵團收口朝上擺放外皮上。

POINT
薄刷油會較穩定，切開的刀口烘烤後裂開的紋也較漂亮。

⋮

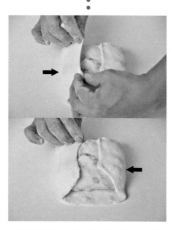

將兩側外皮稍延展的往中間拉起貼合。

⋮

再將另外兩側外皮依法往中間拉起包覆，確實捏緊收合。

⋮

發酵前

發酵後

整型成四方狀，收口朝下放置折凹槽的發酵布上，最後發酵約45分鐘。

⋮

表面鋪放圖紋膠片，篩灑上裸麥粉（份量外），用割紋刀在表面切劃十字刀口。

⋮

05｜烘烤

用上火210℃／下火170℃，入爐後開蒸氣3秒，烤焙2分鐘後，再蒸氣3秒，烘烤約24分鐘。

POINT
麵團經過充分烘烤後，刀痕處會工整地脹裂開，薄薄的外皮也會烤得香脆，烤色也會更加突顯。

酒釀肉桂無花果

不直接將辛香料加在麵團中，而是利用
肉桂與果乾的熬煮入味，帶出肉桂香
氣；再結合橘皮丁、葡萄乾補足香氣，
讓香氣顯得圓潤，同時也烘托出果乾深
層的風味。主體麵團則藉由裸麥麵團獨
特的酸香氣來提升迷人風味。

剖面特色	麵團膨脹力小，表皮略厚，內層氣泡小且果乾分布均勻。
難易度	★★★
製法	直接法
份量	約12個

INGREDIENTS

[麵團]

A 奧本惠法國粉 900g
　 焙煎香味全粒粉 25g
　 裸麥粉 75g
　 低糖乾酵母 5g
　 鹽 18g
　 麥芽精 3g
　 蜂蜜 30g
　 法國老麵 (P30) 200g
　 水 680g

B 肉桂無花果 150g
　 葡萄乾 150g
　 橘皮丁 100g
　 核桃 175g

肉桂無花果

無花果丁與所有材料熬煮入味。

攪拌麵團

材料低速攪拌2分鐘，靜置自我發酵20分鐘，加入低糖乾酵母攪拌2分鐘，加入鹽攪拌2分鐘，再加入蜂蜜、法國老麵攪拌2分鐘，最後加入材料B拌勻，終溫24℃。切拌折疊混合。

基本發酵、翻麵排氣

45分鐘，壓平排氣、翻麵45分鐘。

分割

麵團200g，折疊收合滾圓。

中間發酵

25分鐘。

整型

折疊成橢圓狀。

最後發酵

50分鐘，篩灑裸麥粉、劃4刀口。

烘烤

前蒸氣、後蒸氣。上火210℃／下火180℃烘烤20分鐘。

01 | 攪拌麵團

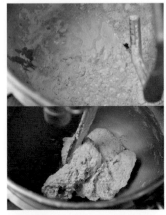

將法國粉、全粒粉、裸麥粉、麥芽精、水用低速攪拌2分鐘。

此時麵團連結弱一拉扯容易被扯斷。

停止攪拌，靜置，進行自我分解約20分鐘。相較之前此時麵團連結變強，有筋性。

POINT
完成自我分解的這段期間，麵筋組織會逐漸形成可薄薄延展的狀態。此時麵團表面也會變得較之前更加平滑。

加入低糖乾酵母攪拌2分鐘，待酵母混拌後，加入鹽攪拌2分鐘。

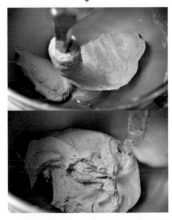

再加入蜂蜜、法國老麵混合攪拌2分鐘。

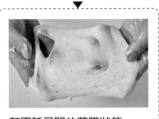

麵團延展開的薄膜狀態。

最後加入肉桂無花果、核桃混合拌勻（麵團延展開，可拉出均勻薄膜、筋度彈性，終溫24℃）。

分切麵團、上下重疊，再對切、重疊放置，依法重複切拌混合的操作，至混合均勻。

整合成圓球狀，放置發酵箱中，蓋上發酵箱蓋。

02 │ 基本發酵、翻麵排氣

基本發酵約45分鐘。輕拍壓整體麵團，從左側朝中間折1/3，輕拍壓。

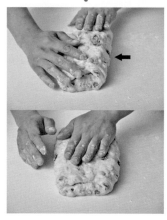

再從右側朝中間折1/3，輕拍壓。

由內側朝外折1/3，輕拍壓，再向外折1/3將麵團折疊起來，繼續發酵約45分鐘。

03 │ 分割、中間發酵

麵團分割成200g，輕拍稍平整，由內側往外側捲折，收合於底。稍微滾動整理麵團成圓球狀，讓表面變得飽滿，中間發酵約25分鐘。

04 | 整型、最後發酵

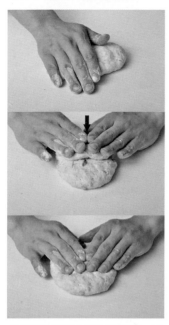

用手掌輕拍麵團排出氣體、平順光滑面朝下。轉向縱放，從內側往中間折起1/3，稍按壓接合處使其貼合。

再由外側往中間折疊起1/3，稍按壓接合處。用手指按壓折疊的接合處使其貼合。

用手掌的根部按壓接合處密合，均勻輕拍。

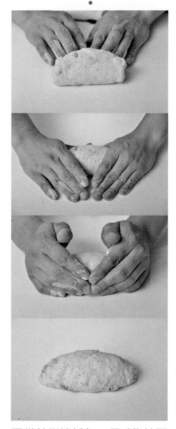

再從外側捲折起，用手指按壓密合，收合於底，輕輕滾動搓揉兩端整成橢圓狀。

將麵團收口朝下，放置折凹槽的發酵布上，最後發酵約50分鐘。

表面篩灑上裸麥粉（份量外），用割紋刀在表面切割4刀口。

05 | 烘烤

用上火210℃／下火180℃，入爐後開蒸氣3秒，烤焙2分鐘後，再蒸氣3秒，烘烤約20分鐘。

肉桂無花果

INGREDIENTS

無花果乾 150g
紅酒 45g
水 35g
肉桂粉 1g

STEP BY STEP

無花果乾切丁放入鍋中，再加入紅酒、水、肉桂粉攪拌混合，用中小火拌煮至收汁入味，待冷卻備用。

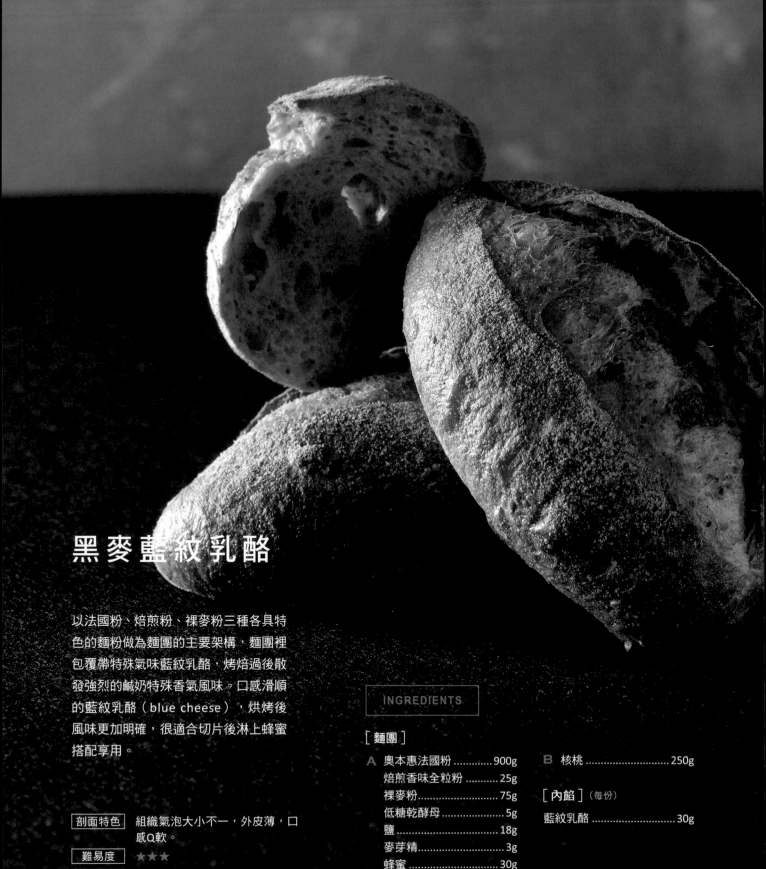

黑麥藍紋乳酪

以法國粉、焙煎粉、裸麥粉三種各具特色的麵粉做為麵團的主要架構，麵團裡包覆帶特殊氣味藍紋乳酪，烤焙過後散發強烈的鹹奶特殊香氣風味。口感滑順的藍紋乳酪（blue cheese），烘烤後風味更加明確，很適合切片後淋上蜂蜜搭配享用。

剖面特色	組織氣泡大小不一，外皮薄，口感Q軟。
難易度	★★★
製法	直接法
份量	約10個

INGREDIENTS

[麵團]

A 奧本惠法國粉 900g
　焙煎香味全粒粉 25g
　裸麥粉 75g
　低糖乾酵母 5g
　鹽 18g
　麥芽精 3g
　蜂蜜 30g
　法國老麵（P30）.......... 200g
　水 680g

B 核桃 250g

[內餡]（每份）

藍紋乳酪 30g

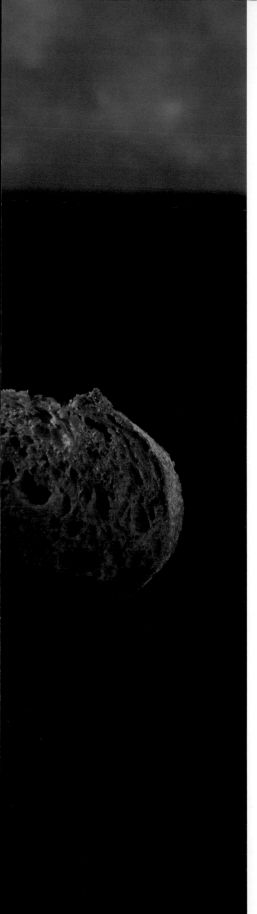

攪拌麵團

材料低速攪拌2分鐘，靜置自我發酵20分鐘，加入低糖乾酵母攪拌2分鐘，加入鹽攪拌2分鐘，再加入蜂蜜、法國老麵攪拌2分鐘，最後加入材料 B 拌勻，終溫24℃。

基本發酵、翻麵排氣

45分鐘，壓平排氣、翻麵45分鐘。

分割

麵團200g，折疊收合滾圓。

中間發酵

25分鐘。

整型

壓平，包覆藍紋乳酪餡，折疊成橢圓狀。

最後發酵

50分鐘，篩灑裸麥粉、劃1刀口。

烘烤

前蒸氣、後蒸氣。上火210℃／下火180℃ 烘烤20分鐘。

01 | 攪拌麵團

麵團的攪拌製作參見P66-69「酒釀肉桂無花果」，作法1攪拌至麵團延展開可呈薄膜狀態。

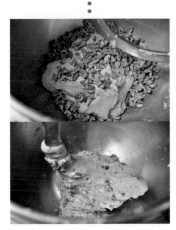

最後加入核桃混合拌勻（終溫24℃）。

分切麵團、上下重疊，再對切、重疊放置。

依法重複切拌混合的操作，至混合均勻。

:

整合成圓球狀，放置發酵箱中，蓋上發酵箱蓋。

02 | 基本發酵、翻麵排氣

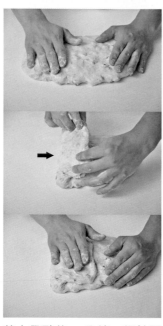

基本發酵約45分鐘。輕拍壓整體麵團，從左側朝中間折1/3，輕拍壓。

:

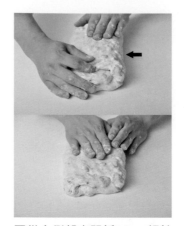

再從右側朝中間折1/3，輕拍壓。

:

由內側朝外折1/3，輕拍壓，再向外折1/3將麵團折疊起來，繼續發酵約45分鐘。

03 | 分割、中間發酵

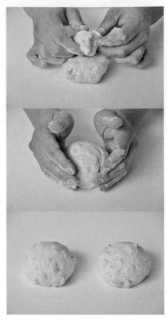

麵團分割成200g，輕拍稍平整，由內側往外側捲折，收合於底。稍微滾動整理麵團成圓球狀，讓表面變得飽滿，中間發酵約25分鐘。

04 | 整型、最後發酵

用手掌輕拍麵團排出氣體、平順光滑面朝下。

:

表面鋪放藍紋乳酪（約20g）。

從內側往中間折起1/3，稍按壓接合處，再由外側往中間折疊起1/3，稍按壓接合處。

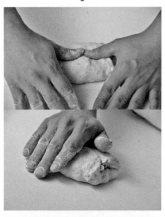

用手指按壓折疊的接合處使其貼合，均勻輕拍平。

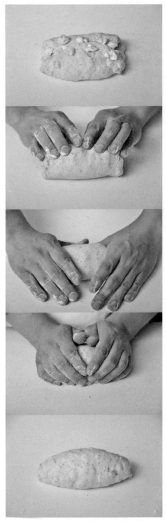

表面再鋪放藍紋乳酪（約10g），再從外側捲折起，用手指按壓密合，收合於底，輕輕滾動搓揉兩端整成橢圓狀。

將麵團收口朝下，放置折凹槽的發酵布上，最後發酵約50分鐘。

表面篩灑上裸麥粉（份量外），用割紋刀在表面切割1刀口。

05 | 烘烤

用上火210℃／下火180℃，入爐後開蒸氣3秒，烤焙2分鐘後，再蒸氣3秒，烘烤約20分鐘。

波特多火山豆

加入馬鈴薯泥以提升麵團保濕效果。攪拌麵團時必須等麵團攪拌至麵筋形成之後才可以加入馬鈴薯泥，這樣才能確實縮短攪拌時間；由於馬鈴薯本身富含澱粉質，烤焙後不只有洋芋淡淡的香氣風味，還有Q軟的口感。

剖面特色	膨脹力良好，孔洞小且平均，表皮薄，內層Q軟。
難易度	★★★
製法	直接法
份量	約10個

[麵團]

A　奧本惠法國粉 950g
　　焙煎香味全粒粉 50g
　　細砂糖 80g
　　鹽 21g
　　無鹽奶油 20g
　　麥芽精 3g
　　低糖乾酵母 9g
　　水 670g
B　法國老麵（P30）......... 450g
　　馬鈴薯泥（蒸熟）...... 200g
C　夏威夷豆（烤過）...... 300g

攪拌麵團

材料Ⓐ（酵母除外）低速
攪拌2分鐘，加入低糖乾
酵母攪拌3分鐘，加入蒸
熟馬鈴薯泥、法國老麵攪
拌2分鐘，最後加入材料
Ⓒ拌勻，終溫24℃。切拌
折疊混合。

基本發酵、翻麵排氣

30分鐘，壓平排氣、翻麵
30分鐘。

分割

麵團250g，折疊收合滾
圓。

中間發酵

25分鐘。

整型

折疊成橄欖形。

最後發酵

45分鐘，篩灑裸麥粉、劃
2刀口。

烘烤

前蒸氣、後蒸氣。上火210℃／
下火170℃烘烤24分鐘。

01 ｜ 攪拌麵團

將材料Ⓐ（酵母除外）用低
速攪拌2分鐘混拌均勻。

加入低糖乾酵母攪拌3分鐘待
酵母混拌後。

再加入蒸熟馬鈴薯泥、法國老麵混合攪拌2分鐘。

▼

麵團延展開的薄膜狀態。

最後加入烤過的夏威夷豆混合拌勻（麵團延展開，可拉出均勻薄膜、筋度彈性，終溫24℃）。

分切麵團、上下重疊，再對切、重疊放置，依法重複切拌混合的操作，至混合均勻。

整合成圓球狀，放置發酵箱中，蓋上發酵箱蓋。

02 | 基本發酵、翻麵排氣

基本發酵約30分鐘。輕拍壓整體麵團。

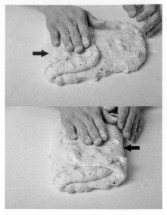

將左、右側分別朝中間折1/3，輕拍壓。

由內側朝中間折1/3，輕拍壓，再向外折1/3將麵團折疊起來，繼續發酵約30分鐘。

03 | 分割、中間發酵

麵團分割成250g，輕拍稍平整，由內側往外側捲折，收合於底。

稍微滾動整理麵團成圓狀，中間發酵約25分鐘。

04 | 整型、最後發酵

用手掌輕拍麵團排出氣體、平順光滑面朝下。轉向縱放，從內側往中間折起1/3，稍按壓接合處使其貼合。

⋮

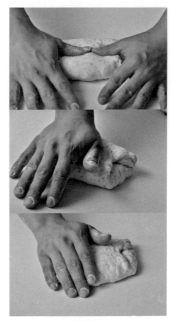

再由外側往中間折疊起1/3，稍按壓接合處。用手指按壓折疊的接合處使其貼合。用手掌的根部按壓接合處密合，均勻輕拍。

⋮

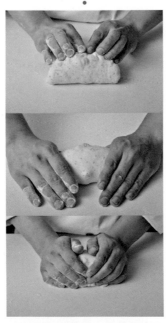

再從外側捲折起，用手指按壓密合，收合於底。

⋮

滾動搓揉兩端整成橢圓狀。

⋮

將麵團收口朝下，放置折凹槽的發酵布上，最後發酵約45分鐘。

⋮

表面篩灑上裸麥粉（份量外），用割紋刀在表面切割X刀口。

05 | 烘烤

放入烤箱，用上火210℃／下火170℃，入爐後開蒸氣3秒，烤焙2分鐘後，再蒸氣3秒，烘烤約24分鐘。

蜜香多穀

以大量穀物、堅果為主軸的特色麵包；使用法國粉、有機T80石磨法國粉，目的在增加小麥香氣。又因高含量的穀物與堅果，為避免過於乾燥，特別添加魯邦種來提升保濕性，並加入蜂蜜補強香氣風味。

剖面特色	膨脹力良好，孔洞小且平均，表皮略厚，內層Q軟。
難易度	★★★
製法	直接法
份量	約4個

INGREDIENTS

[麵團]

A 奧本惠法國粉 900g
　T80石磨法國粉 100g
　水 660g
　麥芽精 3g
　低糖乾酵母 5g
　鹽 15g
　蜂蜜 80g
　魯邦種（P32）............. 150g

B 橘皮絲 60g
　白芝麻 30g
　亞麻子 60g
　腰果 100g
　黑芝麻 30g
　核桃 120g

攪拌麵團

法國粉、T80石磨法國粉、水、麥芽精低速攪拌2分鐘,靜置自我發酵20分鐘,加入低糖乾酵母、蜂蜜、魯邦種攪拌2分鐘,加入鹽攪拌4分鐘,切取外皮麵團600g,其餘加入材料 B 拌勻,終溫24℃。切拌折疊混合。

基本發酵、翻麵排氣

45分鐘,壓平排氣、翻麵45分鐘。

分割

內層麵團425g、外皮150g,折疊收合滾圓。

中間發酵

25分鐘。

整型

內層麵團整型成橢圓形,外皮擀平包覆內層麵團整型成橢圓狀。

最後發酵

50分鐘,篩灑裸麥粉、劃4刀口。

烘烤

前蒸氣、後蒸氣。上火210℃／下火190℃烘烤33分鐘。

01 | 攪拌麵團

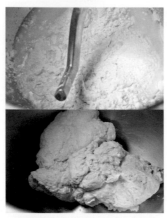

將法國粉、T80石磨法國粉、麥芽精、水用低速攪拌2分鐘攪拌混合。

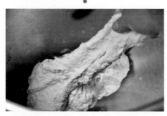

停止攪拌,靜置,進行自我分解約20分鐘。相較之前連結弱一拉扯就扯斷,此時麵團連結變強,有筋性。

POINT
完成自我分解的這段期間,麵筋組織會逐漸形成可薄薄延展的狀態。此時麵團表面也會變得較之前更加平滑。

加入低糖乾酵母、蜂蜜、魯邦種用低速攪拌2分鐘待混拌後,再加入鹽攪拌4分鐘。

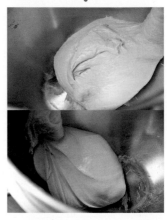

先將麵團分割取出外皮麵團(600g)。其餘用中速攪拌1分鐘。

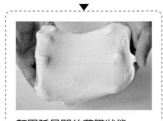

麵團延展開的薄膜狀態。

最後再加入材料B拌勻（麵團延展開，可拉出均勻薄膜、筋度彈性，終溫24℃）。

⋮

分切麵團、上下重疊，再對切、重疊放置，依法重複切拌混合的操作，至混合均勻。

⋮

整合成圓球狀，放置發酵箱中，蓋上發酵箱蓋。

02 | 基本發酵、翻麵排氣

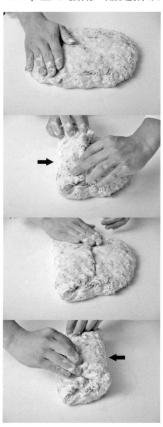

基本發酵約45分鐘。輕拍壓整體麵團，分別從左側、右側朝中間折1/3，輕拍壓。

⋮

再由內側朝外折1/3，輕拍壓，再向外折1/3將麵團折疊起來，繼續發酵約45分鐘。

03 | 分割、中間發酵

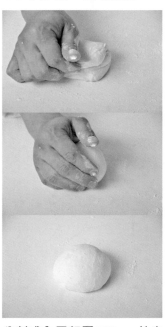

分割成內層麵團425g、外皮麵團150g。外皮麵團輕拍後，由內側往外側捲折，收合於底，滾圓。

⋮

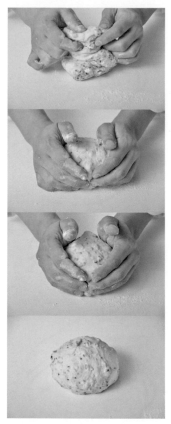

將內層麵團輕拍後，由內側往
外側捲折，收合於底，滾動成
圓球狀，中間發酵約25分鐘。

POINT
中間發酵過程中，麵團依舊
會膨脹，所以擺放麵團之間
要留有部分的間隔距離。

04 | 整型、最後發酵

內層

用手掌輕拍麵團排出氣體、平
順光滑面朝下。轉縱向，分
別從內側與外側往中間折起
1/3。

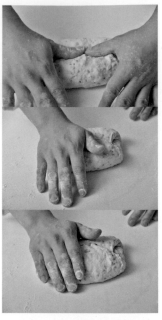

用手指按壓折疊的接合處使其
貼合。用手掌的根部按壓接合
處密合，均勻輕拍。

再由外側往內側對折，輕輕滾
動按壓麵團整成橢圓狀。

82

外皮

用手掌輕拍扁外皮，先縱向擀成圓片狀，再轉向橫放擀成中間稍厚邊緣稍薄的圓片狀。

⋮

將外皮光滑面朝下，表面薄刷橄欖油（四周預留不塗刷），將內層麵團收口朝上擺放在外皮上。

POINT

薄刷油會較穩定，切開的刀口烘烤後裂開的紋也較漂亮。

⋮

將兩側外皮稍延展的往中間拉起貼合，包覆，確實捏緊收合。

⋮

整型成橢圓狀，收口朝下放置折凹槽的發酵布上，最後發酵約50分鐘。

⋮

表面鋪放圖紋紙，篩灑上裸麥粉（份量外），用割紋刀在表面四周切割刀口。

POINT

篩灑的裸麥粉用於裝飾，能突顯出圖紋即可，不必灑太多，篩灑上的粉經烘烤後還會存在，過多的粉也會影響口感。

05 | 烘烤

用上火210℃／下火190℃，入爐後開蒸氣3秒，烤焙2分鐘後，再蒸氣3秒，烘烤約33分鐘。

田園美莓

配方以法國粉與T150麵粉搭配製作，
自我分解30分後再進行第二次攪拌，
縮短攪拌時間，加入配料時注意別讓麵
團內的氣體流失，以折疊般地混合揉
勻，不過度攪拌能保留更多小麥香氣，
更能品嘗到麵香的樸實美味。

剖面特色	外皮薄且酥脆，斷口性佳，化口性好，是款氣孔密度高，口感富彈性的麵包。
難易度	★★★
製法	直接法
份量	約9個

[麵團]

A			B		
奧本惠法國粉	850g		草莓乾	200g
T150有機石磨麵粉	150g		小藍莓乾	150g
麥芽精	3g			
水	680g			
低糖乾酵母	5g			
鹽	16g			
蜂蜜	50g			
法國老麵（P30）	300g			

攪拌麵團

法國粉、T150石磨麵粉、麥芽精、水低速攪拌2分鐘，靜置自我發酵20分鐘，加入低糖乾酵母攪拌2分鐘，加入鹽攪拌2分鐘，再加入蜂蜜、法國老麵攪拌2分鐘，最後加入材料**B**拌勻，終溫24℃。切拌折疊混合。

↓

基本發酵、翻麵排氣

30分鐘，壓平排氣、翻麵30分鐘。

↓

分割

麵團250g，折疊收合橢圓狀。

↓

中間發酵

25分鐘。

↓

整型

整型成馬蹄型。

↓

最後發酵

45分鐘，篩灑裸麥粉、劃刀口。

↓

烘烤

前蒸氣、後蒸氣。上火220℃／下火180℃烘烤24分鐘。

STEP BY STEP

01 | 攪拌麵團

將法國粉、T150石磨麵粉、麥芽精、水用低速攪拌2分鐘攪拌混合。此時麵團連結弱一拉扯容易被扯斷。

⋮

停止攪拌，靜置，進行自我分解約20分鐘。相較之前此時麵團連結變強，有筋性。

POINT
完成自我分解的這段期間，麵筋組織會逐漸形成可薄薄延展的狀態。此時麵團表面也會變得較之前更加平滑。

⋮

加入低糖乾酵母攪拌2分鐘，待酵母混拌後，加入鹽攪拌2分鐘。

⋮

再加入蜂蜜、法國老麵混合攪拌2分鐘。

▼

麵團延展開的薄膜狀態。

⋮

最後加入材料 B 混合拌勻
（麵團延展開，可拉出均勻薄
膜、筋度彈性，終溫24℃）。

分切麵團、上下重疊，再對
切、重疊放置，依法重複切拌
混合的操作，至混合均勻。

整合成圓球狀，放置發酵箱
中，蓋上發酵箱蓋。

02 | 基本發酵、翻麵排氣

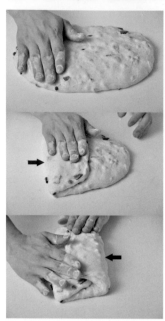

基本發酵約30分鐘。輕拍壓整
體麵團，分別從左側、右側朝
中間折1/3，輕拍壓。

再由內側朝外折1/3，輕拍
壓，再向外折1/3將麵團折疊
起來，繼續發酵約30分鐘。

03 | 分割、中間發酵

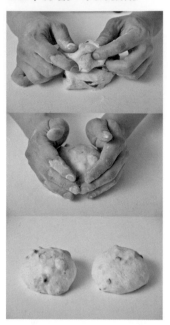

麵團分割成250g，輕拍稍平
整，由內側往外側捲折，收合
於底，稍微滾動整理成圓球
狀，中間發酵約25分鐘。

04 | 整型、最後發酵

用手掌輕拍麵團排出氣體、平
順光滑面朝下。

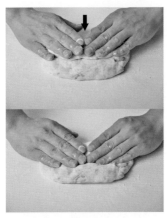

從內側往中間折1/3，用手指按壓折疊的接合處使其貼合。

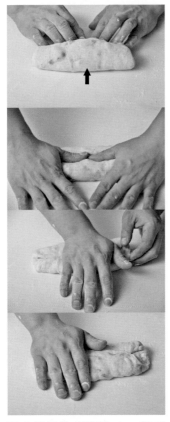

再由外側往中間折1/3，用手指按壓折疊的接合處使其貼合，均勻輕拍。

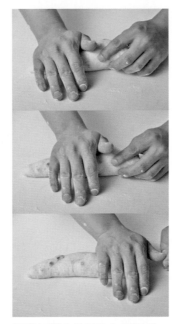

再將麵團由外側往內側對折，用手掌的根部按壓接合處密合。

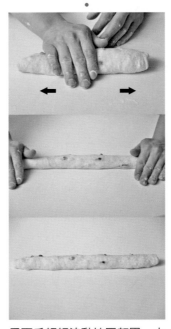

用兩手輕輕滾動按壓麵團，由中心往兩側搓成棒狀，滾動延展成細長狀。

將麵團收口朝下，放置折凹槽的發酵布上，最後發酵約45分鐘。

用移動板將麵團移到烤焙紙上。將兩端朝中間彎折，整型成U形馬蹄狀，表面篩灑上裸麥粉（份量外）。表面斜劃刀口。

05 | 烘烤

用上火220℃／下火180℃，入爐後開蒸氣3秒，烤焙2分鐘後，再蒸氣3秒，烘烤約24分鐘。

艾曼塔巧巴達

巧巴達（Ciabatta）為義大利代表性的
麵包，義大利文為拖鞋的意思，因其外
形而得名。攪拌時刻意保留一些水分後
加，是為了避免攪拌太久溫度升高，橄
欖油事先與迷迭香混合，在麵團攪拌到
有筋性再加入，能有效防止麵團打滑。

剖面特色	水分較多的柔軟麵團，柔軟內側存在有較大的氣泡，表層外皮薄且酥脆，內層濕潤，氣泡較大。
難易度	★★★★
製法	直接法
份量	約10個

[麵團]

A 奧本惠法國粉 1000g
　低糖乾酵母 5g
　鹽 21g
　麥芽精 3g
　水 720g
　後加水 80g
B 橄欖油 30g
　迷迭香 2.5g
C 艾曼塔乳酪丁 250g

攪拌麵團

> 法國粉、麥芽精、水低速攪拌成團,加入低糖乾酵母攪拌1分鐘,加入鹽攪拌4分鐘,加入後加水攪拌均勻至光滑,加入橄欖油、迷迭香拌勻,最後加入乳酪丁拌勻,終溫23℃。切拌折疊混合。

基本發酵、翻麵排氣

> 40分鐘,壓平排氣、翻麵40分鐘。

分割、整型

> 將麵團切割成16×8cm,長塊狀。

最後發酵

> 40分鐘,篩灑裸麥粉、劃2刀口。

烘烤

前蒸氣、後蒸氣。上火230℃／下火210℃烘烤24分鐘。

01 | 攪拌麵團

將法國粉、麥芽精、水用低速攪拌混合成團。

加入低糖乾酵母攪拌1分鐘拌混後,再加入鹽攪拌4分鐘。

麵團延展開的薄膜狀態。

加入後加水攪拌均勻至光滑。再加入事先拌勻的橄欖油、迷迭香混合攪拌均勻。

麵團延展開的薄膜狀態。

POINT
迷迭香事先與橄欖油混合後再加入麵團可避免攪拌時間拉長。

最後加入乳酪丁拌勻即可（麵團延展開，可拉出均勻薄膜、筋度彈性，終溫23℃）。

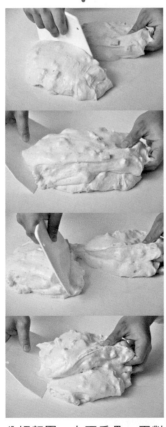

分切麵團、上下重疊，再對切、重疊放置，依法重複切拌混合的操作，至混合均勻。

整合成圓球狀，放置發酵箱中，蓋上發酵箱蓋。

02 | 基本發酵、翻麵排氣

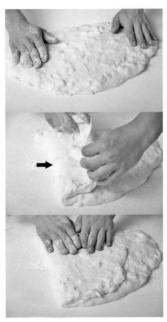

基本發酵約40分鐘。輕拍壓整體麵團，從左側朝中間折1/3，輕拍壓。

再從右側朝中間折1/3，輕拍壓。

由內側朝外折1/3，輕拍壓，再向外折1/3將麵團折疊起來，繼續發酵約40分鐘。

03 | 分割、整型、最後發酵

用手掌輕拍麵團排出氣體、平順光滑面朝下，整型成厚度一致的方片狀。

再分割成16×8cm約10個，放置折凹槽的發酵布上，最後發酵約40分鐘。

04 | 烘烤

用上火230℃／下火210℃，入爐後開蒸氣3秒，烤焙2分鐘後，再蒸氣3秒，烘烤約24分鐘。

厚切佛卡夏

義大利平民麵包佛卡夏（Focaccia），
是將發酵麵團壓平後烘烤成製，有薄脆
或無發酵等各式各樣的類型。為帶出咀
嚼時的蓬鬆口感，以法國粉與高粉搭
配；並添加入馬鈴薯泥提升麵團保濕
性，淡淡洋芋香氣，蓬鬆感中又有軟Q
口感。

剖面特色	麵包扁平且表層外皮薄，孔洞大小不一，口感Q軟。
難易度	★★
製法	直接法
份量	1盤（約60×40cm）

INGREDIENTS

[麵團]

A	奧本惠法國粉	500g
	OAK高筋麵粉	500g
	細砂糖	30g
	鹽	20g
	麥芽精	3g
	水	670g
	低糖乾酵母	10g
B	馬鈴薯泥	100g
C	橄欖油	30g
	乾燥百里香	3g

[表面用]

橄欖油
葛宏德海鹽

攪拌麵團

材料Ⓐ（酵母除外）低速攪拌2分鐘，轉中速加入低糖乾酵母攪拌2分鐘，加入蒸熟馬鈴薯泥低速攪拌2分鐘，最後加入材料Ⓒ中速攪拌1分鐘，終溫24℃。

↓

基本發酵、翻麵排氣

45分鐘，壓平排氣、翻麵45分鐘。

↓

分割

麵團1500g，折疊收合滾圓。

↓

中間發酵

25分鐘。

↓

整型

折疊成四方形，放入烤盤，表面戳孔洞。

↓

最後發酵

45分鐘，塗刷橄欖油、撒上海鹽。

↓

烘烤

前蒸氣。上火220℃／下火200℃烘烤15分鐘。

01 | 前置處理

馬鈴薯洗淨，去皮，蒸熟後趁熱搗壓成泥狀。

02 | 攪拌麵團

將材料Ⓐ（酵母除外）用低速攪拌2分鐘攪拌混合。

⋮

轉中速加入低糖乾酵母攪拌2分鐘拌混後。

⋮

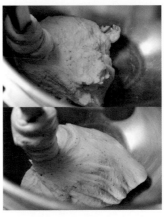

再加入蒸熟馬鈴薯泥轉低速攪拌2分鐘。

POINT
馬鈴薯含豐富澱粉質，攪拌時必須待麵團筋度形成後再加入攪拌。

⋮

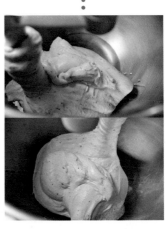

最後加入橄欖油、百里香轉中速攪拌1分鐘。

▼

麵團延展開，可拉出均勻薄膜、筋度彈性，終溫**24**℃。

⋮

整合麵團使表面緊實，放置發酵箱中，蓋上發酵箱蓋。

03 | 基本發酵、翻麵排氣

基本發酵約45分鐘，輕拍壓整體麵團。將橄欖油淋在麵團表面，提拉起麵團後由左、右分別朝中間折1/3，稍壓平整，再由內側朝外折疊，繼續發酵約45分鐘。
⋮

04 | 分割、中間發酵

麵團分割成1500g，輕拍稍平整，由內側往外側捲折，收合於底，中間發酵約25分鐘。

05 | 整型、最後發酵

烤盤（60×40cm）均勻塗刷上一層橄欖油。將麵團均勻輕拍排出氣體，放入烤盤中，用手朝四周延壓展開整型成四方狀。
⋮

用擀麵棍延壓擀平，用手指在表面戳出小凹洞，最後發酵約45分鐘。
⋮

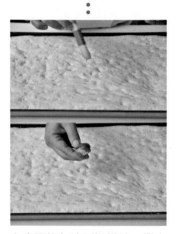

在表面均勻塗刷橄欖油，撒上葛宏德海鹽。

06 | 烘烤

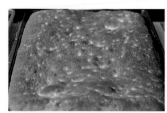

用上火220℃／下火200℃，入爐後開蒸氣3秒，烘烤約15分鐘。

香草野菇佛卡夏

千變萬化的佛卡夏延伸！添加香草料揉
合的麵團，整型成圓扁狀，表面沾裹上
起司粉，再添加由多種香料菇蕈搭配香
料調理的綜合烤鮮菇，軟Q有嚼勁的麵
包吸入鮮鹹的香料野菇滋味，與鹹香濃
厚起司味，十足口感香氣。

剖面特色	氣泡密度高，表皮薄，斷口性佳。
難易度	★★
製法	直接法
份量	約23個

INGREDIENTS

[麵團]

A 奧本惠法國粉 500g
　 OAK高筋麵粉 500g
　 細砂糖 30g
　 鹽 20g
　 麥芽精 3g
　 水 670g
　 低糖乾酵母 10g
B 馬鈴薯泥 100g
C 橄欖油 30g
　 乾燥百里香 3g

[表面用]

綜合菇蕈
起司粉
橄欖油
葛宏德海鹽

| PROCESS | STEP BY STEP | |

PROCESS

攪拌麵團

材料Ⓐ（酵母除外）低速攪拌2分鐘，轉中速加入低糖乾酵母攪拌2分鐘，加入蒸熟馬鈴薯泥低速攪拌2分鐘，最後加入材料Ⓒ中速攪拌1分鐘，終溫24℃。

基本發酵、翻麵排氣

45分鐘，壓平排氣、翻麵45分鐘。

分割

麵團70g，折疊收合滾圓。

中間發酵

25分鐘。

整型

整成圓形、沾裹起司粉。

最後發酵

5分鐘，鋪上綜合菇蕈、撒上起司粉、海鹽。

烘烤

前蒸氣。上火230℃／下火190℃烘烤10分鐘。

STEP BY STEP

01 ｜ 綜合菇蕈

香菇200g、秀珍菇200g、杏鮑菇200g、巴西里2g、迷迭香2g、橄欖油適量、鹽適量混合拌勻。

將調好味的綜合菇蕈平鋪烤盤，以上火160℃／下火160℃，烤焙8分鐘，冷卻備用。

02 ｜ 攪拌麵團

馬鈴薯洗淨，去皮，蒸熟後趁熱搗壓成泥狀。

將材料Ⓐ（酵母除外）用低速攪拌2分鐘攪拌混合。

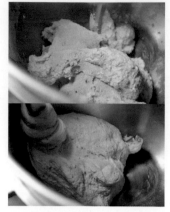

轉中速加入低糖乾酵母攪拌2分鐘拌混後。

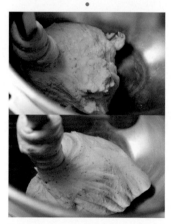

再加入蒸熟馬鈴薯泥轉低速攪拌2分鐘。

最後加入橄欖油、百里香轉中速攪拌1分鐘。

麵團延展開，可拉出均勻薄膜、筋度彈性，終溫**24**℃。

POINT
若將百里香事先與橄欖油混合後再加入麵團一起攪拌較容易與麵團結合，可避免攪拌時間拉長。

03 | 基本發酵、翻麵排氣

基本發酵約45分鐘，輕拍壓整體麵團。將橄欖油淋在麵團表面，提拉起麵團後由左、右分別朝中間折1/3，稍壓平整，再由內側朝外折疊，繼續發酵約45分鐘。

04 | 分割、中間發酵

麵團分割成70g，輕拍稍平整，由內側往外側捲折，收合於底。

稍微滾動整理麵團成圓球狀，讓表面變得飽滿，中間發酵約25分鐘。

05 | 整型、最後發酵

用手掌輕拍麵團排出氣體，用擀麵棍擀壓成中間稍厚邊緣薄的圓片狀。

POINT
擀麵團時注意麵團邊緣的厚度要比中央處稍薄。

發酵前

發酵後

表面薄刷橄欖油，沾裹勻起司粉，鋪放烤盤上，最後發酵約45分鐘。

表面鋪放上綜合菇蕈，灑上起司粉（份量外）、葛宏德海鹽。

06 | 烘烤

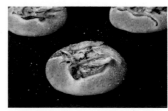

用上火230℃／下火190℃，入爐後開蒸氣3秒，烘烤約10分鐘。

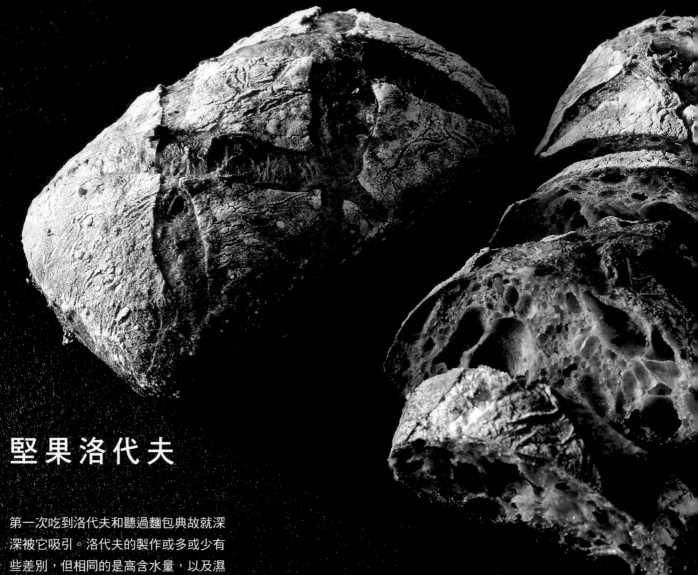

堅果洛代夫

第一次吃到洛代夫和聽過麵包典故就深
深被它吸引。洛代夫的製作或多或少有
些差別,但相同的是高含水量,以及濕
潤的內芯和豐富的口感。以液種來做風
味主要來源,混入大量堅果香味十足,
搭配高水量來製作,經長時發酵後烘
烤,展現麵粉純粹的香氣,優雅微酸,
柔軟濕潤、帶有嚼勁口感。

剖面特色	外層輕脆,內層氣泡大有光澤,口感Q且濕潤,堅果均勻。
難易度	★★★★★
製法	液種法
份量	約6份

INGREDIENTS

[液種]

奧本惠法國粉	75g
裸麥粉	75g
低糖乾酵母	1g
水	150g

[主麵團]

A	奧本惠法國粉	825g
	焙煎香味全麥粉	25g
	低糖乾酵母	2g
	鹽	22g
	麥芽精	3g
	水	600g
	後加水	160g
B	蜂蜜丁	120g
	核桃	150g
	熟黑芝麻	30g
	熟白芝麻	30g

液種製作

> 所有材料攪拌均勻，室溫發酵90分鐘，冷藏發酵12～18小時。

主麵團攪拌

> 材料低速攪拌成團，自我分解30分鐘，加入液種攪拌2分鐘，加入酵母攪拌1分鐘，加入鹽攪拌成團，分3次加入後加水混合攪拌，加入材料 B 拌勻，終溫22℃。切拌折疊混合。

基本發酵、翻麵排氣

> 60分鐘，壓平排氣、翻麵60分鐘，翻麵60分鐘。

分割、整型

> 麵團350g，切割成長方塊狀。

最後發酵

> 35分鐘，篩灑裸麥粉、斜割4刀口。

烘烤

前蒸氣、後蒸氣。上火230℃／下火200℃烘烤28分鐘。

STEP BY STEP

01 | 液種製作

將水、低糖乾酵母用打蛋器攪拌融解，加入法國粉、裸麥粉攪拌混合均勻到無粉粒狀

用保鮮膜覆蓋放置室溫（約30℃）發酵90分鐘，再冷藏發酵12～18小時。

液種發酵完成的狀態。

02 | 主麵團攪拌

將法國粉、全麥粉、麥芽精、水開始以低速攪拌2分鐘成團。

此時麵團連結弱，一拉扯容易被扯斷。

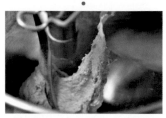

停止攪拌，靜置，進行自我分解約30分鐘。相較之前此時麵團連結變強，有筋性。

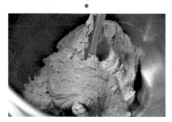

加入液種低速攪拌2分鐘攪拌均勻。

加入低糖乾酵母攪拌1分鐘，待酵母混拌後，加入鹽攪拌2分鐘至光滑成團。

分成3次倒入後加水攪拌混合均勻。

麵團延展開的薄膜狀態。

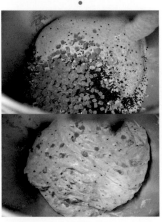

最後加材料 B 混合拌勻（麵團延展開，可拉出均勻薄膜、筋度彈性，終溫22℃）。

分切麵團、上下重疊，再對切、重疊放置，依法重複切拌混合的操作，至混合均勻。

放置發酵箱中，蓋上發酵箱蓋。

03 | 基本發酵、翻麵排氣

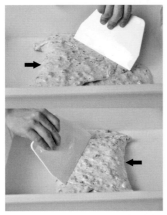

基本發酵約60分鐘。輕拍壓整體麵團，用刮板從左、右側分別朝中間折1/3。

再由外側朝內折1/3，再向內折1/3將麵團折疊起來，繼續發酵約60分鐘。

依法再重複折疊翻麵操作一次，繼續發酵60分鐘。

POINT
透過折疊翻麵的操作來強化筋性；力道的強弱與操作的次數呈反比，隨著次數的增加，翻麵的力道會越來越輕。

04 | 分割、整型、最後發酵

用手掌輕拍麵團排出氣體。

整型成厚度一致的片狀。

先裁切除四周麵團整型後，再分割成350g約6個長方塊狀，放置折凹槽的發酵布上，最後發酵約35分鐘。

在表面篩灑上裸麥粉（份量外），切劃網狀刀口。

05 | 烘烤

用上火230℃／下火200℃，入爐後開蒸氣3秒，烤焙2分鐘後，再蒸氣3秒，烘烤約28分鐘。

魯茲迪克

Rustic有純樸、粗糙、簡單之意。以奧本惠法國粉來表現麵粉最樸實且單純的味道，由於麵團水分多，用手揉捏混拌較困難，因此利用多次的翻麵來活化，加強麵團筋度；整型也僅以切割成塊的方式呈現，烤焙出內層有明顯的奶油燒成色是一大特色。

INGREDIENTS

[麵團]

奧本惠法國粉	500g
VIRON法國粉	500g
低糖乾酵母	4g
麥芽精	2g
鹽	18g
水	800g

剖面特色	外層薄且酥脆，內層略黃，氣泡較大。
難易度	★★★★
製法	手捏法
份量	約8個

攪拌麵團

法國粉、麥芽精、低糖乾
酵母、水揉拌成團，加入
鹽水攪拌至無粉粒。終溫
22℃。

↓

基本發酵、翻麵排氣

20分鐘，壓平排氣、翻麵
20分鐘。翻麵20分鐘。翻
麵120分鐘。

↓

分割、整型

將麵團切割成14×10cm，
方形狀。

↓

最後發酵

25分鐘，劃1刀口。

↓

烘烤

前蒸氣、後蒸氣。上火230℃／
下火220℃烘烤25分鐘。

01 ｜ 攪拌麵團

取部分水（100g）、鹽攪拌
融化。另將水、麥芽精、低糖
乾酵母混合攪拌融化。

⋮

將法國粉與融解麥芽精、酵母
等一起倒入發酵箱裡用手揉拌
均勻至成團，再加入鹽水繼續
揉拌至無粉粒即可。（終溫
22℃）。

02 | 基本發酵、翻麵排氣

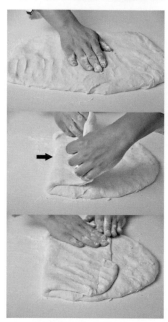

基本發酵約20分鐘。輕拍壓整體麵團，從左側朝中間折1/3，輕拍壓。

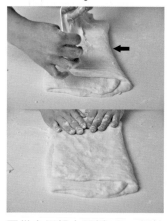

再從右側朝中間折1/3，輕拍壓。

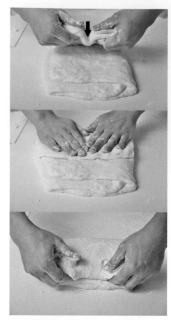

由內側朝外折1/3，輕拍壓，再向外折1/3將麵團折疊起來，繼續發酵約20分鐘。

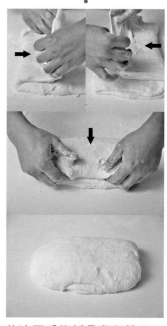

依法再重複折疊翻麵操作一次，繼續發酵20分鐘。再依法重複折疊翻麵操作一次，繼續發酵120分鐘。

03 | 分割、整型、最後發酵

用手掌輕拍麵團排出氣體，整型成厚度一致的片狀。

先裁切除四周麵團整型後，再分割成14×10cm約8個長條狀，放置折凹槽的發酵布上，最後發酵約25分鐘。

在表面切割斜線刀口。

04 | 烘烤

用上火230℃／下火220℃，入爐後開蒸氣3秒，烤焙2分鐘後，再蒸氣3秒，烘烤約25分鐘。

02

～深度精粹～
醇厚釀酵麵包

紅酒法蘭克福

運用法國粉、OAK高粉做為麵團的主要
架構，用意是法蘭克福香腸、起司皆是
富口感的食材，麵團若是化口性太好反
而無法與食材融合，因此在配方中添加
高粉提升口感讓麵團與食材一致。

剖面特色	外層酥香，內層氣泡小平均，略有厚重的口感。
難易度	★★★
製法	液種法
份量	約16個

INGREDIENTS

[液種]

奧本惠法國粉	300g
紅酒	250g
水	70g
低糖乾酵母	1g

[主麵團]

A	高筋麵粉	500g
	奧本惠法國粉	200g
	低糖乾酵母	4g
	鹽	21g
	麥芽精	3g
	水	400g
	後加水	80g
B	法蘭克福香腸	250g
	乳酪丁	250g
	義大利香料	2g

液種製作

所有材料攪拌均勻，室溫發酵90分鐘，冷藏發酵12～18小時。

↓

主麵團攪拌

材料低速攪拌2分鐘，加入酵母攪拌成團，加入後加水混合攪拌，加入香腸丁、乳酪丁拌勻，終溫24℃。切拌折疊混合。

↓

基本發酵、翻麵排氣

45分鐘，壓平排氣、翻麵45分鐘。

↓

分割

麵團150g。

↓

整型

整成扭轉棒型。

↓

最後發酵

30分鐘。

↓

烘烤

前蒸氣、後蒸氣。上火250℃／下火200℃烘烤20分鐘。

01 | 液種製作

紅酒、水、低糖酵母用打蛋器攪拌混合，加入法國粉混合攪拌到無粉粒狀

⋮

用保鮮膜覆蓋放置室溫（約30℃）發酵90分鐘，冷藏發酵12～18小時。

▼

紅酒液種發酵完成的狀態。

02 | 主麵團攪拌

將液種、法國粉、高筋、麥芽精、水、鹽、義大利香料，以低速攪拌2分鐘成團。加入低糖乾酵母攪拌3分鐘成團至光滑。

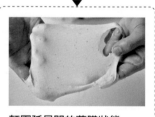

麵團延展開的薄膜狀態。

分成2次倒入後加水攪拌混合均勻至7分筋。

麵團延展開的薄膜狀態。

最後加入法蘭克福香腸丁、乳酪丁混合拌勻（麵團延展開，可拉出均勻薄膜、筋度彈性，終溫24℃。）。

分切麵團、上下重疊，再對切、重疊放置。

依法重複切拌混合的操作，至混合均勻，放置發酵箱中，蓋上發酵箱蓋。

03 | 基本發酵、翻麵排氣

基本發酵約45分鐘。輕拍壓整體麵團。分別從左側、右側朝中間折1/3，輕拍壓。

再由內側朝外折1/3，輕拍壓，再向外折1/3將麵團折疊起來，繼續發酵約45分鐘。

04 | 分割、整型、最後發酵

用手掌輕拍麵團排出氣體，整型成厚度一致的片狀。

⋮

先裁切除四周麵團整型後，再分割成150g長條片狀，兩手呈上下水平方向搓動，扭轉成螺旋紋的長棒狀。

⋮

放置折凹槽的發酵布上，最後發酵約30分鐘。

05 | 烘烤

用上火250℃／下火200℃，入爐後開蒸氣3秒，烤焙2分鐘後，再蒸氣3秒，烘烤約20分鐘。

黑橄欖
鹹豬肉金枕

紅酒麵團的應用。歐洲黑橄欖搭配台灣
鹹豬肉，呈現出特別的鹹香風味，屬於
重口味的麵包。帶有嚼勁的麵包體中，
滲著煎得金黃的鹹豬肉香氣，加上口感
十足的黑橄欖與乳酪與海苔粉，超完美
的組合。

剖面特色	外層酥香，內層氣泡大小不一，略有厚重的口感。
難易度	★★★
製法	液種法
份量	約20個

INGREDIENTS

[液種]

奧本惠法國粉	300g
紅酒	250g
水	70g
低糖乾酵母	1g

[主麵團]

A	高筋麵粉	500g
	奧本惠法國粉	200g
	低糖乾酵母	4g
	鹽	21g

麥芽精	3g
水	400g
後加水	80g
鹹豬肉	240g
蒜苗	60g
黑橄欖	100g
義大利香料	2g

[表面用]

艾曼塔乳酪絲
海苔粉

液種製作

所有材料攪拌均勻，室溫發酵90分鐘，冷藏發酵12〜18小時。

主麵團攪拌

材料低速攪拌2分鐘，加入酵母攪拌成團，加入後加水混合攪拌，加入鹹豬肉丁、黑橄欖丁、蒜苗丁拌勻，終溫24℃。切拌折疊混合。

基本發酵、翻麵排氣

45分鐘，壓平排氣、翻麵45分鐘。

分割、整型

麵團100g約20個，長片狀。

最後發酵

30分鐘，撒上乳酪絲。

烘烤

前蒸氣、後蒸氣。上火230℃／下火200℃烘烤15分鐘。灑上海苔粉。

01 | 前置作業

鹹豬肉香煎至兩面金黃香氣溢出，取出，切成丁塊狀；黑橄欖剝小塊狀，蒜苗切斜片備用。

02 | 液種製作

紅酒、水、低糖酵母用打蛋器攪拌混合，加入法國粉混合攪拌到無粉粒狀。

⋮

用保鮮膜覆蓋放置室溫（約30℃）發酵90分鐘，冷藏發酵12～18小時。

▼

紅酒液種發酵完成的狀態。

03 | 主麵團攪拌

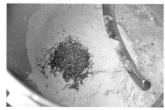

將液種、法國粉、高筋麵粉、麥芽精、水、鹽、義大利香料，以低速攪拌2分鐘成團。

⋮

加入低糖乾酵母攪拌3分鐘成團至光滑。

▼

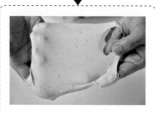

麵團延展開的薄膜狀態。

⋮

分成2次倒入後加水攪拌混合均勻至7分筋。

▼

麵團延展開的薄膜狀態。

⋮

最後加入鹹豬肉丁、黑橄欖丁、蒜苗丁混合拌勻。（麵團延展開，可拉出均勻薄膜、筋度彈性，終溫24℃）。

⋮

分切麵團、上下重疊，再對切、重疊放置，依法重複切拌混合的操作，至混合均勻。放置發酵箱中，蓋上發酵箱蓋。

04 ｜基本發酵、翻麵排氣

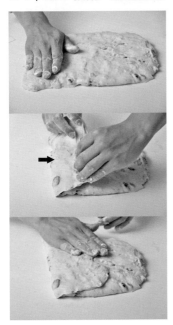

基本發酵約45分鐘。輕拍壓整體麵團，從左側朝中間折1/3，輕拍壓。

再從右側朝中間折1/3，輕拍壓。

再由內側朝外折1/3，輕拍壓，再向外折1/3將麵團折疊起來，繼續發酵約45分鐘。

05 ｜分割、整型、最後發酵

用手掌輕拍麵團排出氣體，整型成厚度一致的片狀。

先裁切除四周麵團整型後，再分割成100g約20等份長片狀。

放置折凹槽的發酵布上，最後發酵約30分鐘，表面撒上艾曼塔乳酪絲。

POINT
表面撒上艾曼塔乳酪絲較不會有烤過焦的情形，香氣足較美觀。

06 ｜烘烤

用上火230℃／下火200℃，入爐後開蒸氣3秒，烤焙2分鐘後，再蒸氣3秒，烘烤約15分鐘，再撒上海苔粉。

酒釀曼果布列克

以白蘭地、蜂蜜作為發酵風味來源，讓
麵團的風味更為明顯、更有層次；特別
添加堅果，以凸顯風味並提升口感。

剖面特色	外層口感適中，氣泡小且平均，內層果乾均勻。
難易度	★★
製法	液種法
份量	約6個

INGREDIENTS

[液種]

奧本惠法國粉	300g
蜂蜜	50g
白蘭地	50g
水	250g
低糖乾酵母	1g

[主麵團]

A	奧本惠法國粉	600g
	T150有機石磨麵粉	100g
	低糖乾酵母	4g
	鹽	18g
	水	400g
	麥芽精	3g
	法國老麵（P30）	170g
B	芒果乾	300g
	核桃	120g

液種製作

> 所有材料攪拌均勻，室溫發酵2小時，冷藏發酵12～18小時。

主麵團攪拌

> 材料低速攪拌成團，加入酵母、法國老麵攪拌成團，加入材料 B 拌勻，終溫23℃。切拌折疊混合。

基本發酵、翻麵排氣

> 45分鐘，壓平排氣、翻麵45分鐘。

分割

> 麵團360g，折疊收合成橢圓狀。

中間發酵

> 25分鐘。

整型

> 整型成四方狀。

最後發酵

> 50分鐘，篩灑裸麥粉，切割4刀口。

烘烤

前蒸氣、後蒸氣。上火220℃／下火180℃烘烤26分鐘。

01｜液種製作

白蘭地、水、蜂蜜、低糖酵母用打蛋器攪拌混合，加入法國粉攪拌混合均勻直到無粉粒狀。

用保鮮膜覆蓋放置室溫（約30℃）發酵2小時，冷藏發酵12～18小時。

液種發酵完成的狀態。

02 | 主麵團攪拌

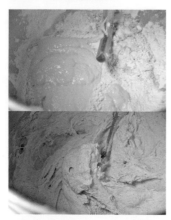

將液種、法國粉、石磨麵粉、麥芽精、水、鹽，以低速攪拌2分鐘成團。

加入低糖乾酵母、法國老麵攪拌3分鐘成團至光滑至約7分筋。

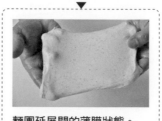

麵團延展開的薄膜狀態。

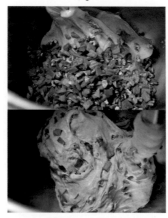

最後加入材料 B 混合拌勻。（麵團延展開，可拉出均勻薄膜、筋度彈性，終溫23℃）。

POINT

芒果乾先與蘭姆酒浸泡後使用風味更佳。浸泡比例約為果乾100g:蘭姆酒20g的比例來斟酌調整。核桃烤過後使用，香氣足，也不會有堅果的生青味。

分切麵團、上下重疊，再對切、重疊放置，依法重複切拌混合的操作，至混合均勻。

整合麵團使表面緊實，放置發酵箱中，蓋上發酵箱蓋。

03 | 基本發酵、翻麵排氣

基本發酵約45分鐘。輕拍壓整體麵團，從左側朝中間折1/3，輕拍壓。

⋮

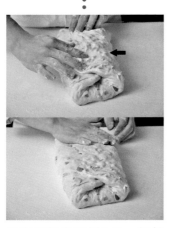

從右側朝中間折1/3，輕拍壓。

⋮

再由內側朝外折1/3，輕拍壓，再向外折1/3將麵團折疊起來，繼續發酵約45分鐘。

04 | 分割、中間發酵

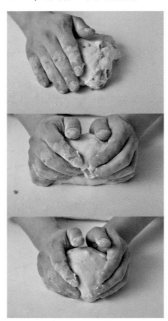

麵團分割成360g，輕拍稍平整，由內側往外側捲折，收合於底，稍滾動成圓球狀，中間發酵約25分鐘。

05 | 整型、最後發酵

用手掌輕拍麵團排出氣體、平順光滑面朝下。從內側往中間折起1/3，用手指按壓折疊的接合處使其貼合。

⋮

再由外側往中間折1/3，用手指按壓折疊的接合處使其貼合。

⋮

按壓折疊的接合處使其貼合。
用手掌的根部按壓接合處密
合，均勻輕拍。

...

轉縱向，由內側往中間折
1/3，稍按壓接合處使其貼
合，再由外側往中間折疊起。

...

用手指按壓折疊的接合處使其
貼合。用手掌的根部按壓接合
處密合，整型四方形狀。

...

將麵團收口朝下，放置折凹槽
的發酵布上，最後發酵約50分
鐘。

...

表面鋪上圖紋膠片，篩灑上裸
麥粉（份量外），在表面四周
切劃刀口。

06 | 烘烤

用上火220℃／下火180℃，
入爐後開蒸氣3秒，烤焙2分鐘
後，再蒸氣3秒，烘烤約26分
鐘。

酸櫻桃腰果

運用不同酒的香氣做結合，突顯麵團的
強烈風味；此麵團基本上搭配任何的果
乾都很適合，這裡結合酸櫻桃的酸、柳
橙絲的清香、腰果的口感來做麵包整體
的主要架構。

剖面特色	外層口感適中，氣泡小且平均，內層果乾均勻。
難易度	★★
製法	直接法
份量	約6個

INGREDIENTS

[麵團]

A	奧本惠法國粉	1000g
	鹽	16g
	麥芽精	3g
	低糖乾酵母	5g
	法國老麵（P30）	300g
	水	400g
B	紅酒	250g
	荔枝酒	80g
	櫻桃酒	100g
C	酸櫻桃	250g
	柳橙皮	50g
	腰果	50g

攪拌麵團

材料 A（酵母、法國老麵）低速攪拌成團，加入低糖乾酵母攪拌3分鐘，加入法國老麵攪拌光滑。切取外皮麵團540g，其餘中速攪拌1分鐘，加入材料 C 拌勻，終溫24℃。切拌折疊混合。

基本發酵、翻麵排氣

30分鐘，壓平排氣、翻麵30分鐘。

分割

內層麵團315g、外皮90g，折疊收合成橢圓狀。

中間發酵

25分鐘。

整型

外皮擀成橢圓片狀，內層整型橢圓狀，包覆整型。

最後發酵

45分鐘，篩灑裸麥粉、劃米字刀口。

烘烤

前蒸氣、後蒸氣。上火210℃／下火180℃烘烤26分鐘。

01 | 攪拌麵團

將材料 B 倒入煮鍋中小火加熱煮至沸騰（煮好約剩350g），待冷卻備用。

將法國粉、麥芽精、鹽、水及煮沸紅酒用低速攪拌2分鐘攪拌混合，加入低糖乾酵母攪拌3分鐘，待酵母混拌。

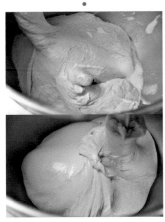

再加入法國老麵攪拌3分鐘成團至光滑。

麵團延展開的薄膜狀態。

先將麵團分割取出外皮麵團（540g）。其餘用中速攪拌1分鐘後，再加入材料 C 拌勻（麵團延展開，可拉出均勻薄膜、筋度彈性，終溫24℃）。

分切麵團、上下重疊，再對切、重疊放置，依法重複切拌混合的操作，至混合均勻。放置發酵箱中，蓋上發酵箱蓋。

02 | 基本發酵、翻麵排氣

基本發酵約30分鐘。輕拍壓整體麵團，分別從左側、右側朝中間折1/3，輕拍壓。
⋮

再由內側朝外折1/3，輕拍壓，再向外折1/3將麵團折疊起來，繼續發酵約30分鐘。

03 | 分割、中間發酵

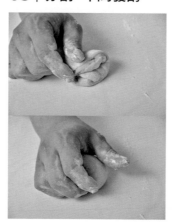

內層麵團分割成315g、外皮麵團90g。外皮麵團輕拍平整，由內側往外側捲折，收合於底，滾圓。
⋮

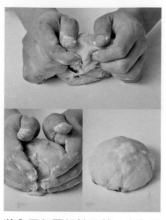

將內層麵團輕拍平整，由內側往外側捲折，收合於底，滾圓，中間發酵約25分鐘。

04 | 整型、最後發酵

內層

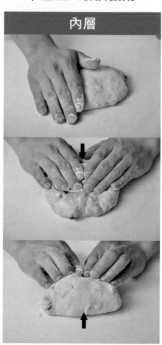

用手掌輕拍麵團排出氣體、平順光滑面朝下。轉縱向，分別從內側與外側往中間折起1/3。
⋮

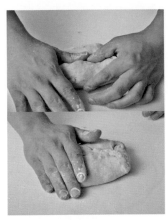

用手指按壓折疊的接合處使其貼合。用手掌的根部按壓接合處密合，均勻輕拍。

⋮

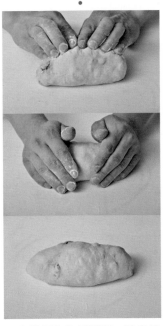

再由外側往內側對折，滾動按壓麵團整成橢圓狀。

用手掌輕拍扁外皮，先縱向擀成圓片狀，再轉向橫放擀成中間稍厚邊緣稍薄的圓片狀。

⋮

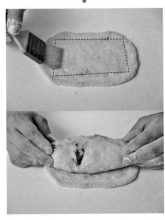

將外皮光滑面朝下，表面薄刷橄欖油（四周空間預留不塗刷），將內層麵團收口朝上擺放在外皮上。

POINT
薄刷油會較穩定，切開的刀口烘烤後裂開的紋也較漂亮。

⋮

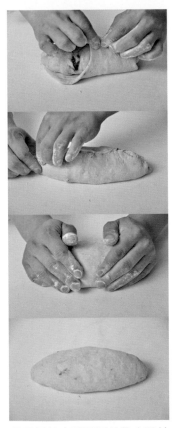

將兩側外皮稍延展的往中間拉起包覆，沿著接合處確實捏緊收合，整型成橢圓狀。

⋮

將麵團收口朝下，放置折凹槽的發酵布上，最後發酵約45分鐘。表面篩灑上裸麥粉（份量外），切割米字刀口。

05｜烘烤

用上火210℃／下火180℃，入爐後開蒸氣3秒，烤焙2分鐘後，再蒸氣3秒，烘烤約26分鐘。

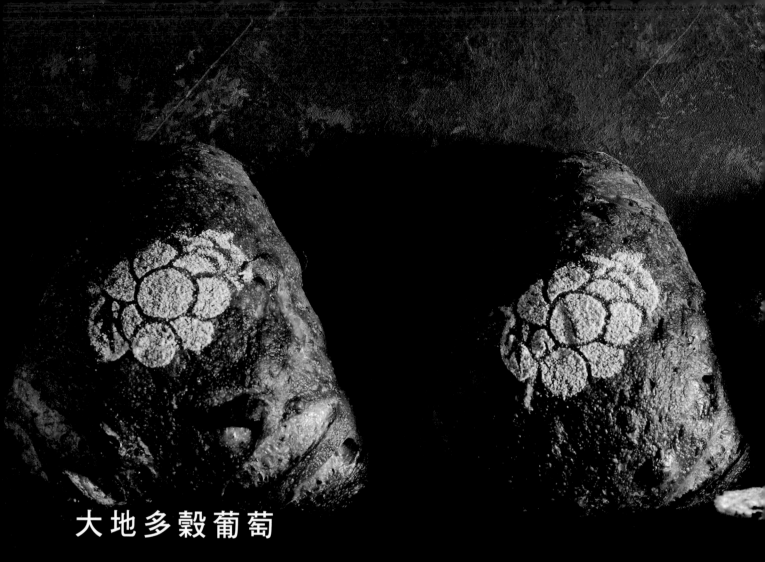

大地多穀葡萄

以風味上的多層次與口感上的豐富性為追求目標。用大量穀物、葡萄乾摻入麵團裡，再以隔夜冷藏的長時釀酵，讓因浸泡而飽含水分的穀物，與葡萄乾的香氣能充分滲入在麵團裡。在穀物裡添加酒、蜂蜜來增加香氣，提升保濕性，避免穀物吸收麵團本身的水分造成麵包過於乾燥。

剖面特色	外層口感適中，氣泡小且平均，內層呈現均勻的堅果。
難易度	★★★
製法	冷藏法
份量	約5個

INGREDIENTS

[麵團]

A 奧本惠法國粉 900g
　 T150有機石磨麵粉 50g
　 裸麥粉 50g
　 君度橙酒 55g
　 葡萄菌水（P28）............ 75g
　 低糖乾酵母 2g
　 鹽 18g
　 法國老麵（P30）.......... 200g
　 水 650g
　 麥芽精 3g

B 黑芝麻 20g
　 亞麻子 35g
　 奇亞子 35g
　 葡萄乾 200g
　 黃金葡萄乾 150g
　 核桃 100g

PROCESS

攪拌麵團

材料Ａ（酵母、法國老麵除外）低速攪拌成團，加入低糖乾酵母攪拌至麵團有筋度，加入法國老麵攪拌至光滑，加入材料Ｂ拌勻，終溫22℃。切拌折疊混合。

基本發酵、翻麵排氣、冷藏

15分鐘，壓平排氣、翻麵15分鐘。冷藏靜置12～18小時。

分割

麵團450g，折疊收合成橢圓狀。回溫至約16℃。

整型

整型三角狀。

最後發酵

50分鐘，篩灑裸麥粉，切割刀口。

烘烤

前蒸氣、後蒸氣。上火220℃／下火180℃烘烤30分鐘。

STEP BY STEP

01 ｜ 前置處理

葡萄乾、黃金葡萄乾先與蘭姆酒60g浸泡入味，備用。

⋮

黑芝麻、亞麻子、奇亞子先用上火150℃／下火150℃，烤約10-15分鐘左右，放涼後與水40g、蜂蜜20g、君度橙酒15g浸泡入味，備用。

02 ｜ 攪拌麵團

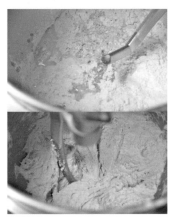

將所有材料Ａ（酵母、法國老麵除外）用低速攪拌2分鐘攪拌混合。

⋮

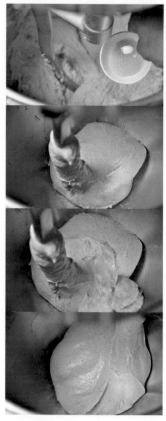

加入低糖乾酵母攪拌2分鐘至5分筋，再加入法國老麵攪拌2分鐘至成團光滑約7分筋狀態。

⋮

最後加入前製處理好的材料 B 混合拌勻（麵團延展開，可拉出均勻薄膜、筋度彈性，終溫22℃）。

⋮

分切麵團、上下重疊，再對切、重疊放置，依法重複切拌混合的操作，至混合均勻。放置發酵箱中，蓋上發酵箱蓋。

03 | 基本發酵、翻麵排氣、冷藏

基本發酵約15分鐘，輕拍壓整體麵團。

⋮

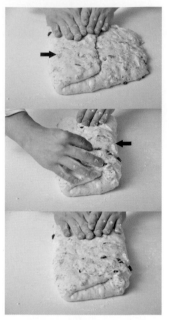

從左側朝中間折1/3，輕拍壓。再從右側朝中間折1/3，輕拍壓。

⋮

由內側朝外折1/3，輕拍壓，再向外折1/3將麵團折疊起來，繼續發酵約15分鐘。覆蓋保鮮膜移置冰箱冷藏發酵約12～18小時。

04 | 分割

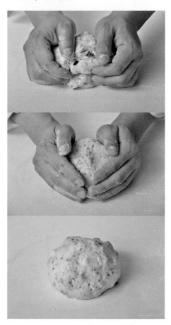

麵團分割成450g，輕拍稍平整，由內側往外側捲折收合於底，滾動成圓球狀，室溫靜置回溫至約16℃。

05 | 整型、最後發酵

用手掌輕拍麵團排出氣體、平順光滑面朝下。

⋮

從內外側朝中間聚攏，固定中心接合處。

⋮

沿著一側邊捏緊收合，再就另兩側邊捏緊收合三側邊。

⋮

收合口朝下，塑整麵團使其飽滿，整型成三角狀。收口朝下，放置折凹槽的發酵布上，最後發酵約50分鐘。

⋮

表面鋪放圖飾膠片，篩灑上裸麥粉（份量外），在三側邊各切劃2刀口。

06 | 烘烤

用上火220℃／下火180℃，入爐後開蒸氣3秒，烤焙2分鐘後，再蒸氣3秒，烘烤約30分鐘。

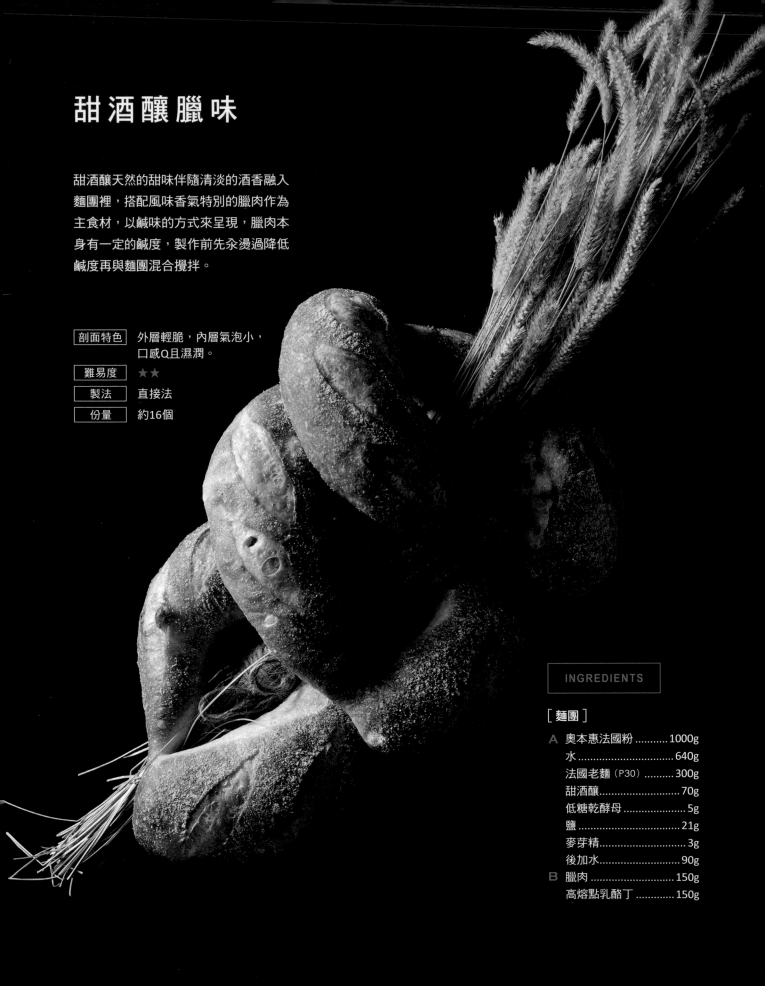

甜酒釀臘味

甜酒釀天然的甜味伴隨清淡的酒香融入
麵團裡，搭配風味香氣特別的臘肉作為
主食材，以鹹味的方式來呈現，臘肉本
身有一定的鹹度，製作前先汆燙過降低
鹹度再與麵團混合攪拌。

剖面特色	外層輕脆，內層氣泡小，口感Q且濕潤。
難易度	★★
製法	直接法
份量	約16個

INGREDIENTS

[麵團]

A 奧本惠法國粉 1000g
　 水 640g
　 法國老麵（P30）.......... 300g
　 甜酒釀.......................... 70g
　 低糖乾酵母 5g
　 鹽 21g
　 麥芽精............................. 3g
　 後加水........................... 90g
B 臘肉 150g
　 高熔點乳酪丁 150g

攪拌麵團

材料 Ⓐ（酵母、法國老麵、後加水除外）低速攪拌成團，加入低糖乾酵母攪拌至麵團有筋度，加入法國老麵攪拌至光滑，加入後加水，材料 Ⓑ 拌勻，終溫24℃。切拌折疊混合。

↓

基本發酵、翻麵排氣

30分鐘，壓平排氣、翻麵30分鐘。

↓

分割

麵團150g，折疊收合成圓球狀。

↓

中間發酵

25分鐘。

↓

整型

整型圓球狀。

↓

最後發酵

45分鐘，篩灑裸麥粉，切劃刀口。

↓

烘烤

前蒸氣、後蒸氣。上火230℃／下火190℃烘烤18分鐘。

01 | 前置作業

臘肉用沸水汆燙過，瀝乾水分，待冷卻切丁備用。

02 | 攪拌麵團

將法國粉、水、甜酒釀、麥芽精、鹽用低速攪拌2分鐘攪拌混合。

⋮

加入低糖乾酵母攪拌3分鐘至5分筋。

⋮

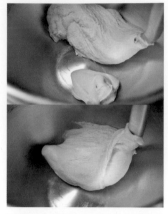

再加入法國老麵攪拌2分鐘成團至光滑。

▼

麵團延展開的薄膜狀態。

⋮

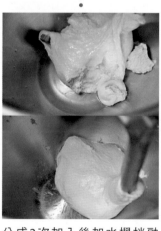

分成2次加入後加水攪拌融合。

⋮

最後加入臘肉丁、乳酪丁拌勻（麵團延展開，可拉出均勻薄膜、筋度彈性，終溫24℃）。

⋮

分切麵團、上下重疊，再對切、重疊放置，依法重複切拌混合的操作，至混合均勻。放置發酵箱中，蓋上發酵箱蓋。

03 | 基本發酵、翻麵排氣

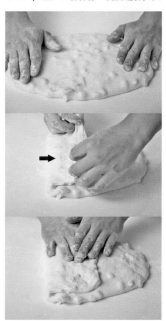

基本發酵約30分鐘。輕拍壓整體麵團，從左側朝中間折1/3，輕拍壓。

⋮

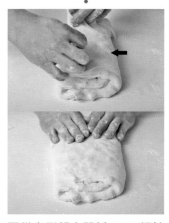

再從右側朝中間折1/3，輕拍壓。

⋮

由內側朝外折1/3，輕拍壓，再向外折1/3將麵團折疊起來，繼續發酵約30分鐘。

04 | 分割、中間發酵

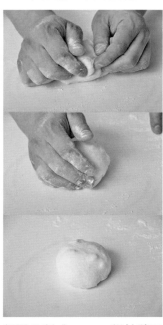

麵團分割成150g，輕拍稍平整，由內側往外側捲折，收合於底，滾動成圓球狀，中間發酵約25分鐘。

05 | 整型、最後發酵

用手掌輕拍麵團排出氣體、平順光滑面朝下。轉向縱放，從內側往中間折起1/3，稍按壓接合處使其貼合。

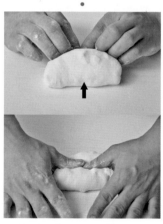

再由外側往中間折疊起1/3，稍按壓接合處。用手指按壓折疊的接合處使其貼合。

用手掌的根部按壓接合處密合，均勻輕拍。

再從外側捲折起，用手指按壓密合，收合於底，滾動搓揉兩端整成橢圓狀。將麵團收口朝下，放置折凹槽的發酵布上，最後發酵約45分鐘。

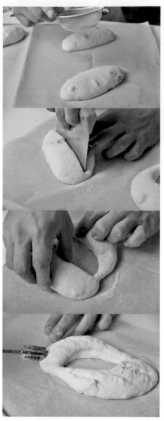

表面篩灑上裸麥粉（份量外），用刮板在中間切劃刀口（兩端預留不切斷），再將切口處掰開，並在相對兩側切劃刀紋。

06 | 烘烤

用上火230℃／下火190℃，入爐後開蒸氣3秒，烤焙2分鐘後，再蒸氣3秒，烘烤約18分鐘。

03

～黃金比例～
菓子麵包吐司

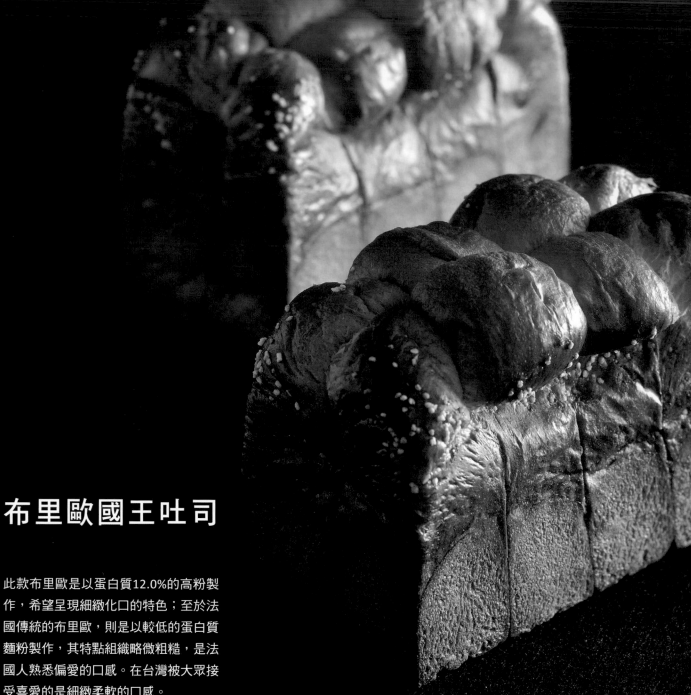

布里歐國王吐司

此款布里歐是以蛋白質12.0%的高粉製作，希望呈現細緻化口的特色；至於法國傳統的布里歐，則是以較低的蛋白質麵粉製作，其特點組織略微粗糙，是法國人熟悉偏愛的口感。在台灣被大眾接受喜愛的是細緻柔軟的口感。

剖面特色	膨脹性良好，組織細緻，化口性佳。
難易度	★★★
製法	直接法
份量	約4條

INGREDIENTS

[麵團]

A	高筋麵粉	710g		B	法國老麵（P30）	500g
	新鮮酵母	30g			細砂糖	120g
	麥芽精	3g			鹽	13g
	鮮奶	230g		C	無鹽奶油	400g
	蛋黃	200g				
	全蛋	100g				
	魯邦種（P32）	30g				

[表面用]

全蛋液、珍珠糖

攪拌麵團

材料 Ⓐ 低速攪拌成團,轉中速攪拌至筋性加強,加入材料 Ⓑ 攪拌至麵團光滑,加入材料 Ⓒ 攪拌融合,終溫22℃。

基本發酵、翻麵排氣

30分鐘,壓平排氣、翻麵30分鐘。

分割

麵團120g,折疊收合滾圓。

中間發酵

25分鐘。

整型

擀成橢圓片,捲成圓柱狀,放入模型中。

最後發酵

60分鐘,塗刷全蛋液,剪刀口,擠入奶油。

烘烤

上火170℃/下火210℃烘烤35分鐘。

01 | 備妥模型

吐司模型(SN2066)(或SN2055)。

02 | 攪拌麵團

將所有材料 Ⓐ 用低速攪拌2分鐘成團,轉中速攪拌至麵團筋性增強約5分筋。

POINT
為避免麵團溫度升高,蛋、奶油需先冷藏備用。

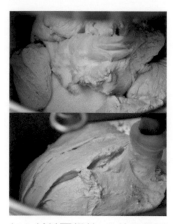

加入材料 B 攪拌2分鐘至麵團呈現光滑約7分筋。

再加入材料 C 攪拌至融合。

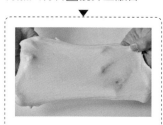

可拉出均勻薄膜、筋度彈性，終溫**22**℃。

整合成圓球狀，放置發酵箱中，蓋上發酵箱蓋。

03 │ 基本發酵、翻麵排氣

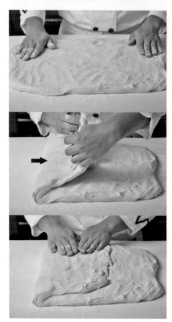

基本發酵約30分鐘。輕拍壓整體麵團，從左側朝中間折1/3，輕拍壓。

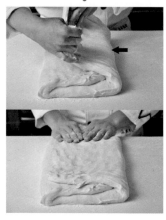

再從右側朝中間折1/3，輕拍壓。

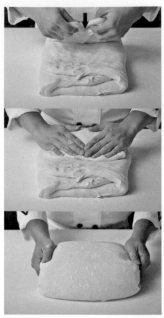

再由內側朝外折1/3，輕拍壓，再向外折1/3將麵團折疊起來，繼續發酵約30分鐘。

04 │ 分割、中間發酵

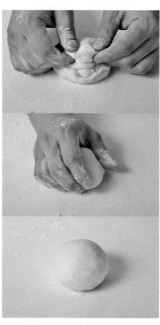

將麵團分割成120×4（或60g×8）個為一組，輕拍稍平整，由內側往外側捲折收合於底，滾動成圓球狀，中間發酵約25分鐘。

05 | 整型、最後發酵

造型A

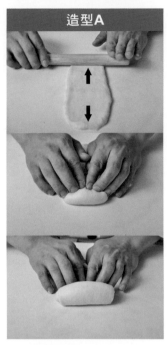

將麵團輕拍壓出氣體，用擀麵棍擀壓成片狀，光滑面朝下。從前端往底部捲起，收合於底部成圓柱型。

⋮

將4個橢圓柱型麵團，收口朝下、同方向，平均空隙放入模型中，最後發酵60分鐘。

⋮

表面塗刷全蛋液，用剪刀在每個麵團中央處剪切出深淺一致的切口，在切口處擠入奶油（份量外），撒上珍珠糖。

造型B

將麵團稍收合滾圓，整型成圓球狀。

⋮

將8個圓球狀麵團，收口朝下、同方向，前後靠著模邊，中間平均空隙放入模型中，最後發酵60分鐘。

⋮

表面塗刷全蛋液，撒上珍珠糖。

06 | 烘烤

用上火170℃／下火210℃，烤約35分鐘。脫模，放涼。

百香葡萄

百香果素有果汁之王的美稱,帶有獨特
酸甜香氣,清爽香甜,搭配葡萄乾熬
煮,展現絕美平衡,搭配高油量的布里
歐麵團,口感細緻柔軟、酸甜不膩。

剖面特色	外層酥鬆,組織緊密,內層中心有均勻的內餡。
難易度	★★★★
製法	直接法
份量	約38個

INGREDIENTS

［布里歐麵團］

參見「布里歐國王吐司」
（P134）

［巧克力外皮］

參見「紅酒無花果」（P142）

［塔皮］

無鹽奶油	80g
細砂糖	25g
鹽	0.5g
低筋麵粉	90g
杏仁粉	5g
全蛋	10g

［紫地瓜菠蘿皮］

菠蘿皮	200g
水星低筋麵粉	100g
紫地瓜粉	10g

［百香葡萄］

葡萄乾	250g
紅酒	100g
細砂糖	75g
水	100g
百香果	50g

塔皮

> 製作塔皮，分切成25g，
> 鋪放塔模，壓重石，先烘
> 烤。

↓

紫地瓜菠蘿皮

> 製作紫地瓜菠蘿皮，分切
> 成25g。

↓

巧克力歐克皮

> 製作巧克力歐克皮參見
> 「紅酒無花果」，擀平，
> 分切成12g。

↓

布里歐麵團

> 麵團製作、基本發酵參見
> 「布里歐麵團」。

↓

分割

> 麵團30g，折疊收合滾
> 圓。

↓

中間發酵

> 25分鐘。

↓

整型

> 滾圓拍扁包內餡，包覆菠
> 蘿外皮。組合上巧克力歐
> 克外皮，放入烤好的塔皮
> 模中。

↓

最後發酵

> 30分鐘。

↓

烘烤

上火190℃／下火180℃烘烤10
分鐘。篩灑糖粉，用翻糖花點
綴。

01 | 百香葡萄

將所有材料混合，用小火熬煮
至濃稠收汁，待冷卻備用。

02 | 巧克力歐克外皮

巧克力歐克麵團的攪拌、製作
參見P142「紅酒無花果」，
作法2將麵團延壓至光亮狀，
覆蓋包鮮膜冷藏鬆弛約15分
鐘。

03 | 塔皮

將奶油、細砂糖、鹽攪拌鬆發，分次加入蛋液攪拌融合，加入過篩粉類混合拌勻成團，搓揉成圓柱狀，用塑膠袋包覆，冷藏鬆弛60分鐘。

04 | 布里歐麵團

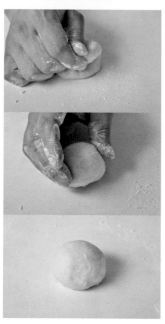

攪拌、基本發酵製作參見 P134-137「布里歐國王吐司」，作法2-3。麵團分割30g，滾圓，中間發酵25分鐘。

05 | 紫地瓜菠蘿皮

將菠蘿皮加入混合過篩的低筋麵粉、紫地瓜粉揉壓混合拌勻成團，揉成圓柱狀，分割成25g。

06 | 整型、最後發酵

塔皮切成小塊（25g），稍滾圓按壓成厚度均勻的圓片狀，再鋪放入小花蛋糕模型中（SN6194），沿著塔模用刮板切除多餘的部分，表面再鋪放烘烤紙，放上重石。

......

用上火170℃／下火190℃，烘烤約12分鐘，取除重石。

......

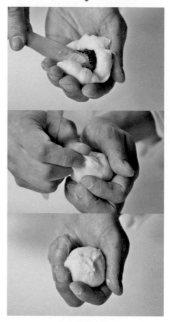

布里歐麵團輕拍滾圓，擀壓成中間稍厚四周略薄的圓片狀，中間包入百香葡萄餡（約12g），將麵皮朝中間聚攏，捏緊收合成圓球狀。

......

紫地瓜菠蘿皮麵團（25g）稍滾圓，用手按壓成圓扁狀。

......

將布里歐麵團收口朝上，放置紫地瓜菠蘿皮上，用手輕壓包覆住緊密貼合。

⋮

將擀平的巧克力歐克外皮，裁切成細長條（約12g）、中間劃切刀口（不切斷）。

⋮

前後兩側稍擀壓平（幫助貼合）。

⋮

用2條巧克力歐克外皮以十字交疊的方式，黏貼組合在麵團上，接合處收合。

⋮

將組合完成的麵團放入事先烤好的塔皮模型中，最後發酵約30分鐘。

07 | 烘烤、裝飾

用上火190℃／下火180℃，烘烤約10分鐘。待冷卻，篩灑上糖粉（份量外），用翻糖小花點綴裝飾。

菠蘿皮

INGREDIENTS

無水奶油 256g
細砂糖 256g
蛋黃 100g

STEP BY STEP

將無水奶油、細砂糖拌勻至微發，分次加入蛋黃攪拌至融合即可。

紅酒無花果

風味馥郁、醇厚的布里歐麵團，屬於柔軟
化口性良好的麵團，柔軟富濃醇奶香；內
餡以紅酒搭配無花果濃縮熬煮成餡，無花
果果肉帶有一顆顆細粒種子，吃在嘴裡有
罌粟籽感受，豐富口感層次。

剖面特色	外層柔軟，組織緊密，內層有均勻的內餡。
難易度	★★★★
製法	直接法
份量	約33個

[布里歐麵團]

參見「布里歐國王吐司」
（P134）

[巧克力外皮]

中筋麵粉	200g
高筋麵粉	50g
細砂糖	20g
鹽	2g
無鹽奶油	75g
水	85g
深黑可可粉	8g

[紅酒無花果]

無花果乾	150g
紅酒	120g
細砂糖	50g
水	60g

[內層]

烤過杏仁角	適量

巧克力歐克外皮

將所有材料攪拌均勻成光滑麵團,延壓擀平至光亮,鬆弛約15分鐘。分割成15g。

↓

布里歐麵團

麵團製作、基本發酵參見「布里歐麵團」。

↓

分割

麵團35g,折疊收合滾圓。

↓

中間發酵

25分鐘。

↓

整型

巧克力歐克外皮,用拉網刀拉切出紋路。布里歐麵團滾圓拍扁包內餡,包覆巧克力網紋片。

↓

最後發酵

60分鐘。

↓

烘烤

上火210℃／下火160℃烘烤10分鐘。用翻糖花點綴。

01 | 紅酒無花果

將無花果乾切碎與其他材料混合熬煮至濃稠收汁,待冷卻備用。

02 | 巧克力歐克外皮

將所有材料攪拌混合均勻成光滑麵團。再來回反覆延壓至光亮狀,覆蓋包鮮膜鬆弛約15分鐘。分割成15g。

03 | 布里歐麵團

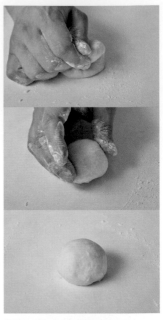

攪拌、基本發酵製作參見P134-137「布里歐國王吐司」,作法2-3。麵團分割35g,滾圓,中間發酵25分鐘。

04 | 整型、最後發酵

將杏仁角用上火150℃／下火150℃,烤約10-15分鐘至金黃上色,放涼備用。
⋮

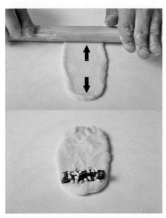

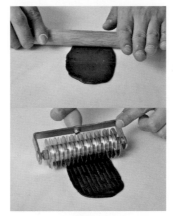

將布里歐麵團輕拍排出氣體，從中間朝上、朝下擀壓成橢圓片狀，光滑面朝下，表面前端處放入紅酒無花果餡（約12g）、撒上烤過的杏仁角。

⋮

用拉網刀在擀平的巧克力歐克麵皮上，輕壓滾切出紋路，輕輕攤展開成網紋片。

⋮

用上火210℃／下火160℃，烘烤約10分鐘。用翻糖小花（或開心果碎）點綴裝飾。

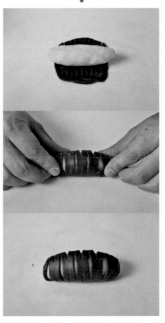

將麵皮前端稍往下反折，由兩側稍往內按壓接合處使其貼合，再順勢往下捲折至底成橢圓狀。

⋮

將麵團（收口朝上）擺放在巧克力歐克網紋片上，再將巧克力歐克外皮往中間拉起，覆蓋住麵團，捏緊收合，並將收合口朝下，放入烤盤，最後發酵約60分鐘。

玉米乳酪球

添加30%湯種提升麵團的軟Q度。攪拌的重點在於將水分成2次加，有效縮短攪拌時間，同時也能避免攪拌時間過長而造成溫度過高的問題。Q彈質地口感結合田園食材，玉米香甜加上濃郁起司，是百吃不膩的麵包款。

剖面特色	膨脹力良好，氣泡小且均勻，Q軟口感較多。
難易度	★★★★
製法	直接法
份量	約14個

INGREDIENTS

[麵團]

A 高筋麵粉.....................425g
　低糖乾酵母...................2.5g
　細砂糖..........................10g
　鹽..................................6g
　麥芽精........................1.5g
　水 300g
　後加水..........................40g
　湯種（P31）.................150g

B 玉米粒........................175g
　煙燻乳酪......................75g

[裝飾用]

艾曼塔乳酪絲、海苔粉

攪拌麵團

材料Ⓐ（湯種、後加水除外）低速攪拌成團，轉中速攪拌至筋性加強，加入湯種攪拌至麵團光滑，分次加入後加水攪拌均勻，再加入材料Ⓑ攪拌均勻，終溫24℃。切拌折疊混合。

↓

基本發酵、翻麵排氣

45分鐘，壓平排氣、翻麵45分鐘。

↓

分割

麵團80g，折疊收合成橢圓狀。

↓

中間發酵

25分鐘。

↓

整型

折疊收合整型成圓球狀。

↓

最後發酵

40分鐘，撒上乳酪絲。

↓

烘烤

前蒸氣。上火190℃／下火170℃烘烤16分鐘。撒上海苔粉。

01｜攪拌麵團

將材料Ⓐ（湯種、後加水除外）用低速攪拌2分鐘成團，轉中速攪拌攪拌2分鐘至6分筋，成捲起階段。

⋮

再加入湯種攪拌2分鐘成光滑麵團。

⋮

分2次加入後加水攪拌融合。

⋮

最後加入瀝乾水分的玉米粒、煙燻乳酪丁拌勻（麵團延展開，可拉出均勻薄膜、筋度彈性，終溫24℃）。

⋮

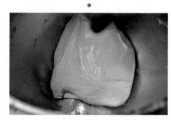

分切麵團、上下重疊，再對切、重疊放置，依法重複切拌混合的操作，至混合均勻。整合圓球狀，放置發酵箱中，蓋上發酵箱蓋。

02 | 基本發酵、翻麵排氣

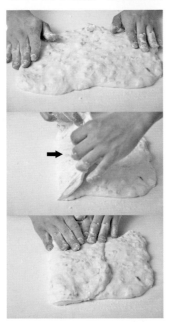

基本發酵約45分鐘。輕拍壓整體麵團，從左側朝中間折1/3，輕拍壓。

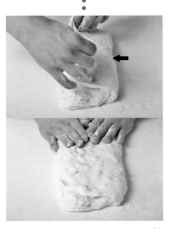

再從右側朝中間折1/3，輕拍壓。

由內側朝外折1/3，輕拍壓，再向外折1/3將麵團折疊起來，繼續發酵約45分鐘。

03 | 分割、中間發酵

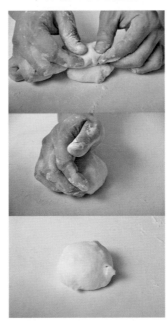

麵團分割成80g，輕拍稍平整，由內側往外側捲折，收合於底，稍滾動成圓球狀，中間發酵約25分鐘。

04 | 整型、最後發酵

用手掌輕拍麵團排出氣體、平順光滑面朝下。將麵團對折朝底部捏緊收合，整型成圓球狀，底部收合捏緊。

將麵團收口朝下，放置折凹槽的發酵布上，最後發酵約40分鐘，表面噴上少許水霧（幫助沾黏），灑上乳酪絲。

05 | 烘烤

用上火190℃／下火170℃，入爐後開蒸氣3秒，烤約16分鐘。撒上海苔粉裝飾。

紫玉蜂蜜芝麻

湯種添加在麵團裡，除了能展現保濕性
外，也能夠營造Q軟口感，食材選用紫
地瓜粉、蜂蜜丁、黑白芝麻，搭配蜜紅
豆結合，口感味覺豐富，是款美味與健
康兼具的湯種麵包。

剖面特色	膨脹力良好，氣泡小且均勻，Q軟口感較多。
難易度	★★★★
製法	直接法
份量	約10個

[麵團]

A 高筋麵粉......................850g
低糖乾酵母.....................5g
細砂糖..........................20g
鹽 12g
麥芽精...........................3g
水 600g
後加水..........................80g
湯種（P31）..................300g
紫薯粉..........................20g

B 蜂蜜丁.......................100g
黑芝麻..........................50g

[內餡]（每份25g）

蜜紅豆粒

[表面用]

白芝麻

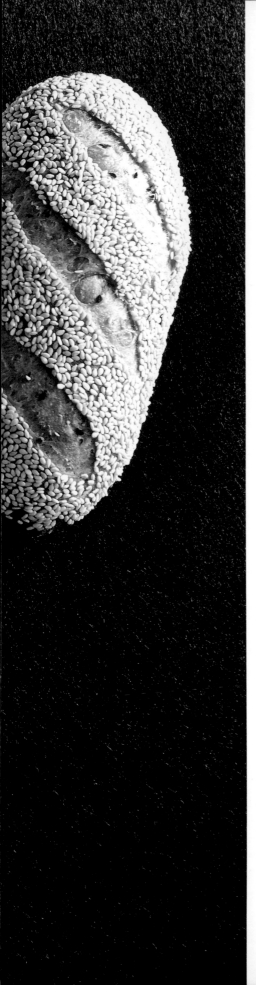

攪拌麵團

材料Ａ（湯種、後加水除外）低速攪拌成團，轉中速攪拌至筋性加強，加入湯種攪拌至麵團光滑，分次加入後加水攪拌均勻，再加入材料Ｂ攪拌均勻，終溫24℃。切拌折疊混合。

↓

基本發酵、翻麵排氣

45分鐘，壓平排氣、翻麵45分鐘。

↓

分割

麵團200g，折疊收合滾圓成圓球狀。

↓

中間發酵

25分鐘。

↓

整型

折疊成橢圓狀，包內餡，整型成橢圓狀，沾白芝麻。

↓

最後發酵

50分鐘，切割3刀口。

↓

烘烤

前蒸氣、後蒸氣。上火230℃／下火180℃烘烤25分鐘。

01 ｜ 攪拌麵團

麵團攪拌製作參見P146-149「玉米乳酪球」，作法1，將麵團攪拌至捲起階段。再加入湯種攪拌2分鐘成光滑麵團。分2次加入後加水攪拌融合。

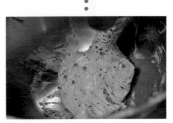

最後加入蜂蜜丁、黑芝麻拌勻（麵團延展開，可拉出均勻薄膜、筋度彈性，終溫24℃）。

分切麵團、上下重疊，再對切、重疊放置，依法重複切拌混合的操作，至混合均勻。整合圓球狀，放置發酵箱中，蓋上發酵箱蓋。

02 | 基本發酵、翻麵排氣

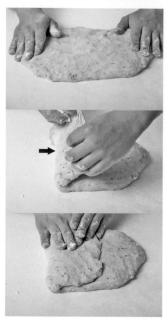

基本發酵約45分鐘。輕拍壓整體麵團，從左側朝中間折1/3，輕拍壓。

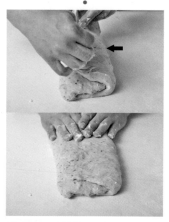

再從右側朝中間折1/3，輕拍壓。

由內側朝外折1/3，輕拍壓，再向外折1/3將麵團折疊起來，繼續發酵約45分鐘。

03 | 分割、中間發酵

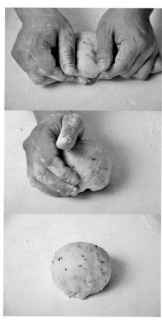

麵團分割成200g，輕拍稍平整，由內側往外側捲折，收合於底，稍滾動成圓球狀，中間發酵約25分鐘。

04 | 整型、最後發酵

用手掌輕拍麵團排出氣體、平順光滑面朝下。轉縱向，表面平均鋪放蜜紅豆（約15g）。

分別從內側與外側往中間折起1/3。

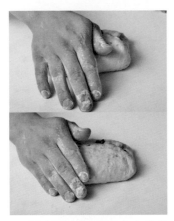

用手指按壓折疊的接合處使其貼合。用手掌的根部按壓接合處密合，均勻輕拍。

·
·
·

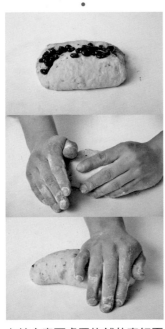

在接合表面處平均鋪放蜜紅豆（約10g），再由外側往內側對折，按壓密合，收合於底。

·
·
·

輕輕滾動按壓麵團整成橢圓狀。

·
·
·

拭紙巾稍噴上水浸濕，將麵團放置拭紙巾上稍濕潤，再沾裹上烤過的白芝麻。

POINT
白芝麻用上火150℃／下火150℃，烤約10分鐘左右至膨脹、稍上色即可，口感外觀風味較佳。

·
·
·

將麵團收口朝下，放置折凹槽的發酵布上，最後發酵約45分鐘。在表面切劃3刀口。

05 | 烘烤

用上火230℃／下火180℃，入爐後開蒸氣3秒，烤焙2分鐘後，再蒸氣3秒，烘烤約25分鐘。

黑胡椒巧克力

巧克力對我而言是非常特別的食材，之前曾吃過西點師傅所做的黑胡椒巧克力，風味圓融飽滿的巧克力夾雜亦苦亦甜，與黑胡椒的微辣微香，在口中可感受到香氣與辛香的流竄，而交織出的平衡美味令人印象深刻；運用在麵包中呈現記錄下這箇中的絕美衝擊。

剖面特色	外層薄，氣泡大小不一，內層呈現均勻的堅果。
難易度	★★★
製法	直接法
份量	約10個

[麵團]

A	奧本惠法國粉	850g
	裸麥粉	150g
	低糖乾酵母	5g
	鹽	20g
	麥芽精	3g
	魯邦種（P32）	100g
	法國老麵（P30）	100g
	水	670g
B	黑胡椒粒碎	8g
	水滴巧克力	250g

攪拌麵團

材料低速攪拌混合，靜置自我發酵30分鐘，加入酵母攪拌1分鐘，加入鹽、法國老麵攪拌2分鐘，最後加入材料 B 拌勻，終溫24℃。切拌折疊混合。

基本發酵、翻麵排氣

45分鐘，壓平排氣、翻麵45分鐘。

分割

麵團200g，折疊收合滾圓。

中間發酵

25分鐘。

整型

折疊成橢圓狀。

最後發酵

45分鐘，篩灑裸麥粉、劃刀口。

烘烤

前蒸氣、後蒸氣。上火220℃／下火180℃烘烤20分鐘。

01 | 攪拌麵團

將法國粉、裸麥粉、麥芽精、水、魯邦種用低速混合攪拌均勻2分鐘。

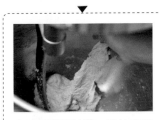

此時麵團連結弱一拉扯容易被扯斷。

⋮

停止攪拌，靜置，進行自我分解約30分鐘。相較之前此時麵團連結變強，有筋性。

POINT
完成自我分解的這段期間，麵筋組織會逐漸形成可薄薄延展的狀態。

⋮

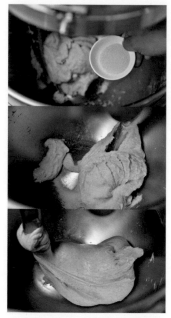

加入低糖乾酵母攪拌1分鐘，
待酵母混拌後，加入鹽、法國
老麵攪拌2分鐘至成團約7分
筋。

麵團延展開的薄膜狀態。

最後加入巧克力豆、黑胡椒粒
碎混合拌勻（麵團延展開，可
拉出均勻薄膜、筋度彈性，終
溫24℃）。

分切麵團、上下重疊，再對
切、重疊放置，依法重複切拌
混合的操作，至混合均勻。整
合圓球狀放置發酵箱中，蓋上
發酵箱蓋。

02 │ 基本發酵、翻麵排氣

基本發酵約45分鐘。輕拍壓整
體麵團，從左側朝中間折1/3，
輕拍壓。

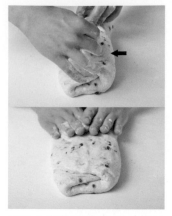

再從右側朝中間折1/3，輕拍
壓。

由內側朝外折1/3，輕拍壓，
再向外折1/3將麵團折疊起
來，繼續發酵約45分鐘。

POINT
麵團整體以相同的力道按壓
很重要，按壓方式不均勻
時，麵團中的氣體含量也會
不均勻。

03 | 分割、中間發酵

麵團分割成200g，輕拍稍平整，由內側往外側捲折，收合於底。稍微滾動整理麵團成圓球狀，中間發酵約25分鐘。

04 | 整型、最後發酵

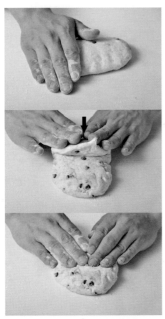

用手掌輕拍麵團排出氣體、平順光滑面朝下。轉縱向，從內側往中間折起1/3，稍按壓接合處使其貼合。

⋮

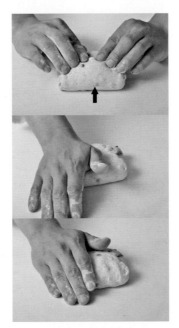

再由外側往中間折疊起1/3，稍按壓接合處。用手掌的根部按壓接合處密合，均勻輕拍。

⋮

再從外側捲折起，用手指按壓密合，收合於底，滾動搓揉兩端整成橢圓狀。

⋮

將麵團收口朝下，放置折凹槽的發酵布上，最後發酵約45分鐘。

⋮

表面篩灑上裸麥粉（份量外），在表面切割葉形刀口。

05 | 烘烤

用上火220℃／下火180℃，入爐後開蒸氣3秒，烤焙2分鐘後，再蒸氣3秒，烘烤約20分鐘。

布雷克無花果

黑糖、巧克力、無花果三元素，黑糖、
可可粉的顏色很搭，巧克力與無花果又
是對味的組合，相當合拍，咀嚼時開始
先吃到巧克力與無花果的風味前韻，最
後則有淡淡的黑糖氣味餘韻。

剖面特色	外層酥脆，氣泡大小不一，內層呈現均勻的堅果。
難易度	★★★
製法	直接法
份量	約12個

INGREDIENTS

[麵團]

A 奧本惠法國粉 1000g
　 深黑可可粉 30g
　 黑糖 150g
　 低糖乾酵母 5g
　 鹽 16g
　 水 720g
　 後加水 100g
B 水滴巧克力豆 120g
　 無花果乾 150g

攪拌麵團

材料Ａ（酵母、後加水除外）低速攪拌成團，加入低糖酵母攪拌至光滑，分次加入後加水攪拌均勻，再加入材料Ｂ攪拌均勻，終溫22℃。切拌折疊混合。

↓

基本發酵、翻麵排氣

30分鐘，壓平排氣、翻麵60分鐘。

↓

分割、整型

約12等份，長方片狀。

↓

最後發酵

30分鐘，撒上裸麥粉，切割4刀口。

↓

烘烤

前蒸氣、後蒸氣。上火210℃／下火170℃烘烤20分鐘。

01 | 前置處理

無花果乾與蘭姆酒（約100g：20g的比例）浸泡入味後，切小塊狀備用。

02 | 攪拌麵團

將材料Ａ（酵母、後加水除外）用低速攪拌2分鐘成團，加入低糖酵母攪拌3分鐘至光滑。

⋮

再加入後加水攪拌融合。最後加入材料Ｂ拌勻（終溫22℃）。

⋮

分切麵團、上下重疊，再對切、重疊放置，依法重複切拌混合的操作，至混合均勻。放置發酵箱中，蓋上發酵箱蓋。

03 | 基本發酵、翻麵排氣

基本發酵約30分鐘。輕拍壓整體麵團，從左側朝中間折1/3，輕拍壓。

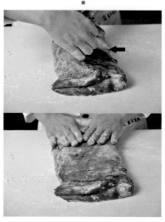

再從右側朝中間折1/3，輕拍壓。

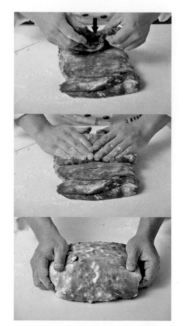

再由內側朝外折1/3，輕拍壓，再向外折1/3將麵團折疊起來，繼續發酵約60分鐘。

04 | 分割、整型、最後發酵

用手掌輕拍麵團排出氣體，整型成厚度一致的片狀。

先裁切除四周麵團整型後，再分割成12等份長片狀。

放置折凹槽的發酵布上，最後發酵約30分鐘，表面撒上裸麥粉（份量外），在側邊四對角切割刀口。

05 | 烘烤

用上火210℃／下火170℃，入爐後開蒸氣3秒，烤焙2分鐘後，再蒸氣3秒，烘烤約20分鐘。

365日
角型吐司

以中種法製作讓吐司能夠維持濕潤口感；質地柔嫩、芳香濕潤的口感為目標，是希望吐司的每個角落都讓人想細細品嘗，能夠成為每天吃不也會膩的美味吐司。採用中種法的製作，經過2小時發酵熟成的麵團，呈現出的是淡淡發酵香氣與柔軟濕潤的口感。

剖面特色	外層適中，組織密度高，口感柔軟。
難易度	★★★
製法	中種法
份量	約3個

INGREDIENTS

[中種]

高筋麵粉 600g
細砂糖 50g
新鮮酵母 25g
水 320g

[主麵團]

A　高筋麵粉 400g
　　細砂糖.......................... 50g
　　新鮮酵母........................ 5g
　　奶粉 20g
　　鹽 18g
　　水 330g
B　無鹽奶油..................... 100g

中種製作

所有材料攪拌均勻，室溫
發酵2小時。

主麵團攪拌

將中種、材料A低速攪
拌成團，轉中速攪拌至光
滑，加入新鮮酵母攪拌
勻，加入奶油攪拌融合至
完全擴展，終溫26℃。

基本發酵

30分鐘。

分割

麵團170g×3，折疊滾
圓。

中間發酵

25分鐘。

整型

擀捲成圓筒狀，重複操作
2次。3個為組，收口朝下
入模。

最後發酵

60分鐘，蓋上模蓋。

烘烤

上火190℃／下火190℃烘烤32
分鐘。

01 | 備妥模型

吐司模型（SN2066）。

02 | 中種製作

將所有材料用低速攪拌3分鐘
混合均勻，整合麵團成圓球
狀。
⋮

用保鮮膜覆蓋，放置室溫（約
28℃）發酵2小時。

麵團發酵完成的狀態，麵團
組織。

03 | 主麵團攪拌

將中種、所有材料A（新鮮
酵母除外）用低速攪拌2分鐘
成團，轉中速攪拌3分鐘至麵
團光滑。
⋮

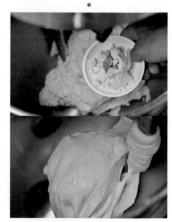

加入新鮮酵母攪拌均勻。
⋮

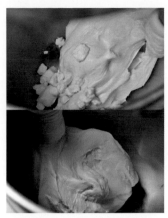

再加入奶油攪拌至融合完全擴展即可。

▼

麵團延展開，可拉出均勻薄膜、筋度彈性，終溫**26℃**。

04 | 基本發酵、分割、中間發酵

基本發酵約30分鐘。將麵團分割成170g×3個，輕拍排出空氣，對折往底部收合滾圓，中間發酵約25分鐘。

05 | 整型、最後發酵

用手掌輕拍麵團排出氣體，從中間朝上、下兩側擀成橢圓片狀，光滑面朝下，從前側端往底部捲起至底，收合於底成圓筒狀。

⋮

轉縱向，稍拍壓扁，從中間朝上、下兩側擀平成長條狀。

⋮

光滑面朝下，再從前側端往底部捲起至底，收合於底成圓筒狀。

⋮

以3個為組，收口朝底、同方向，放入吐司模中，最後發酵約60分鐘（約模型8分滿），蓋上吐司模蓋。

06 | 烘烤

用上火190℃／下火190℃烤焙約32分鐘。取出，連同模型震敲出空氣，脫模。

熟 成 蜂 蜜 吐 司

以隔夜冷藏工法製作，酵母在低溫時會
減緩發酵作用，即代表酵母在吃糖質時
會減緩保留更多的糖在麵團裡，配方裡
也多添加少量的砂糖，目的是藉由適量
的糖烘托出蜂蜜的香氣，將吐司裡的香
甜美味發揮至極。

剖面特色	外層適中，組織密度高，略有嚼感。
難易度	★★★
製法	冷藏法
份量	約3個

INGREDIENTS

[麵團]

A OAK高筋麵粉 500g
　貝斯頓高筋麵粉 500g
　鹽 16g
　新鮮酵母 30g
　細砂糖 60g
　蜂蜜 80g
　水 600g
　鮮奶油 50g
B 無鹽奶油 60g
　蜂蜜 80g

攪拌麵團

材料A（酵母除外）低速攪拌混合，轉中速加入新鮮酵母攪拌至光滑，加入材料B攪拌融合至完全擴展，終溫26℃。

↓

基本發酵、翻麵排氣、冷藏

15分鐘，壓平排氣、翻麵15分鐘。冷藏發酵一晚。

↓

分割

麵團170g×3，折疊滾圓，靜置回溫至18℃。

↓

整型

擀捲成圓筒狀，重複操作2次。3個為組，收口朝下入模。

↓

最後發酵

60分鐘，蓋上模蓋。

↓

烘烤

上火200℃／下火200℃烘烤32分鐘。

01 | 備妥模型

吐司模型（SN2055）。

02 | 攪拌麵團

將所有材料A（新鮮酵母除外）用低速攪拌2分鐘混合均勻。

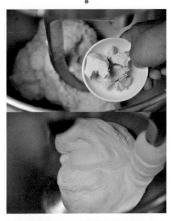

轉中速加入新鮮酵母攪拌3分鐘至成團麵團光滑。

再加入材料 B 攪拌融合至完全擴展。

▼

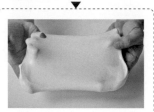

麵團延展開,可拉出均勻薄膜、筋度彈性,終溫26℃。

POINT
蜂蜜分成兩段式加入麵團中攪拌,能在麵團保留較完整的蜂蜜香氣。

⋮

整合圓球狀,放置發酵箱中,蓋上發酵箱蓋。

03 | 基本發酵、翻麵排氣、冷藏

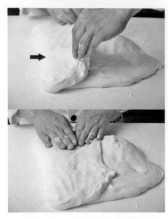

基本發酵約15分鐘。輕拍壓整體麵團,從左側朝中間折1/3,輕拍壓。

⋮

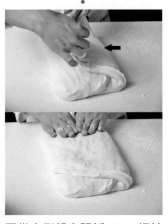

再從右側朝中間折1/3,輕拍壓。

⋮

由內側朝外折1/3,輕拍壓。

⋮

再向外折1/3將麵團折疊起來,繼續發酵約15分鐘。覆蓋保鮮膜,移放冰箱冷藏發酵一晚。

04 | 分割

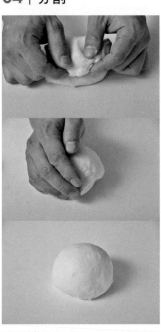

將麵團分割成170g×3個,輕拍排出空氣。將麵團對折往底部收合滾圓,室溫靜置待麵團回溫至18℃。

05 | 整型、最後發酵

第一次擀捲

用手掌輕拍麵團排出氣體，從中間朝上、下兩側擀平成長條狀。

⋮

光滑面朝下，再從前側端往底部捲起至底，收合於底成圓筒狀。

第二次擀捲

轉縱向，稍拍壓扁，從中間朝上、下兩側擀平成長條狀。

⋮

光滑面朝下，再從前側端往底部捲起至底，收合於底成圓筒狀。

POINT
經過二次的擀捲可以讓麵筋更加有彈力，能增進膨脹性，組織也會更加細緻。

以3個為組，收口朝底、同方向，放入吐司模中，最後發酵約60分鐘（約模型8分滿），蓋上吐司模蓋。

06 | 烘烤

用上火200℃／下火200℃烤焙約32分鐘。取出，連同模型震敲出空氣，脫模。

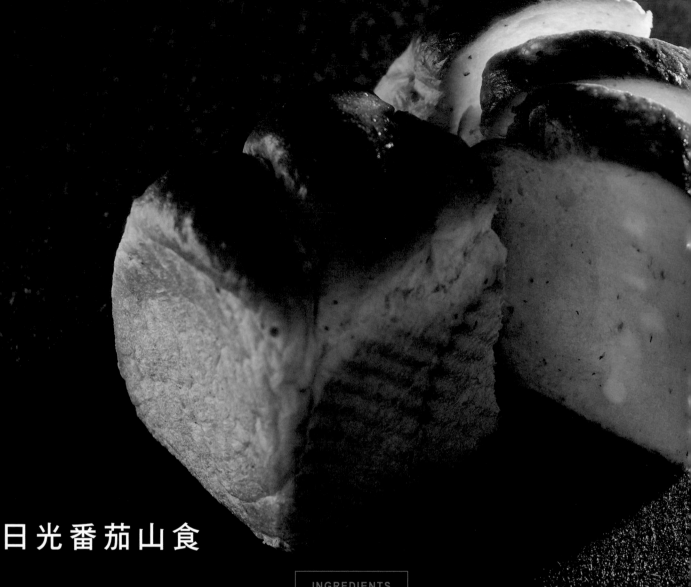

日 光 番 茄 山 食

鹹味吐司為發想，運用新鮮番茄代替水進行攪拌而成，配方裡多添加義大利香草、乳酪作點綴，讓風味上更明確，因富含茄紅素，茄紅美麗的色澤讓吐司麵包顏色好看，顯得秀色可餐。

剖面特色	外層薄香，組織細緻，內層有均勻的乳酪。
難易度	★★
製法	直接法
份量	約4個

［麵團］

A 高筋麵粉 1000g
　細砂糖 90g
　鹽 20g
　新鮮酵母 35g
　奶粉 20g
　全蛋 100g
　新鮮番茄 650g
　義大利香料 4g
B 無鹽奶油 150g

［內餡］（每份30g）

高熔點乳酪丁

攪拌麵團

材料A低速攪拌混合，轉中速加入新鮮酵母攪拌至光滑，加入奶油攪拌融合至完全擴展，終溫26℃。

基本發酵、翻麵排氣

30分鐘，壓平排氣、翻麵30分鐘。

分割

麵團250g×2，折疊滾圓。

中間發酵

25分鐘。

整型

擀捲成橢圓片，包餡，整型成圓條狀。2個為組，收口朝下入模。

最後發酵

60分鐘，塗刷全蛋液。

烘烤

上火150℃／下火200℃烘烤32分鐘。

01 | 前置處理

番茄洗淨去蒂，切成小塊，用調理機攪打成泥狀，冷藏備用。

02 | 攪拌麵團

將所有材料A（新鮮酵母除外）用低速攪拌2分鐘混合均勻，轉中速加入新鮮酵母攪拌3分鐘至成團麵團光滑。

⋮

元氣牧場角食

不加一滴水，以鮮奶代替水來製作的純鮮奶吐司。運用中種工法，透過酵母與鮮奶的結合，進行第一次發酵，提引出鮮奶的濃醇風味，柔軟升級美味加倍；而長時間水合則可讓麵團達到保濕，讓吐司邊更加柔軟，有別於一般吐司邊乾硬的口感。

剖面特色	吐司邊柔軟，組織密度高，斷口性良好。
難易度	★★★
製法	中種法
份量	約4個

INGREDIENTS

[中種]

高筋麵粉	700g
細砂糖	50g
鮮奶	350g
全蛋	150g
新鮮酵母	25g

[主麵團]

A	高筋麵粉	300g
	奶粉	30g
	鮮奶	300g
	新鮮酵母	5g
	細砂糖	100g
	鹽	15g
B	無鹽奶油	80g

中種製作

　所有材料攪拌均勻，室溫發酵2小時。

↓

主麵團攪拌

　將中種、材料Ⓐ（酵母、糖、鹽除外）低速攪拌成團，轉中速攪拌至光滑，加入酵母、糖、鹽攪拌至7分筋，加入奶油攪拌融合至完全擴展，終溫26℃。

↓

基本發酵、翻麵排氣

　15分鐘，壓平排氣、翻麵15分鐘。

↓

分割

　麵團170g×3，折疊滾圓。

↓

中間發酵

　25分鐘。

↓

整型

　擀捲成圓筒狀，重複操作2次。3個為組，收口朝下入模。

↓

最後發酵

　60分鐘，蓋上模蓋。

↓

烘烤

上火200℃／下火190℃烘烤32分鐘。

---

01 | 備妥模型

吐司模型（SN2055）。

02 | 中種製作

將所有材料用低速攪拌3分鐘混合均勻，整合麵團成圓球狀。

⋮

放入容器中，用保鮮膜覆蓋，放置室溫（約28℃）發酵2小時。

▼

麵團發酵完成的狀態，麵團組織。

03 | 主麵團攪拌

將中種、所有材料Ⓐ（新鮮酵母、糖、鹽除外）用低速攪拌2分鐘成團，轉中速攪拌3分鐘至麵團光滑。

⋮

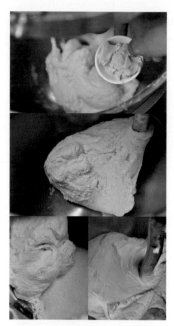

再加入新鮮酵母拌勻，再加入
細砂糖、鹽攪拌至7分筋。

▼

麵團延展開的薄膜狀態。

⋮

再加入奶油攪拌至融合，完全
擴展即可（麵團延展開，可拉
出均勻薄膜、筋度彈性，終溫
26℃）。

04 │ 基本發酵、翻麵排氣

基本發酵約15分鐘。輕拍壓
整體麵團，從左右側朝中間折
疊，再由內側朝外側折疊，壓
平排氣，繼續發酵約15分鐘。

05 │ 分割、中間發酵

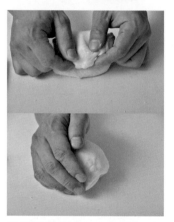

將麵團分割成170g×3個，輕
拍排出空氣，對折往底部收合
滾圓，中間發酵約25分鐘。

06 │ 整型、最後發酵

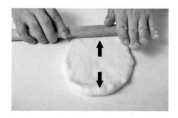

用手掌輕拍麵團排出氣體，從
中間朝上、下兩側擀成橢圓片
狀。

⋮

光滑面朝下，從前側端往底部
捲起至底，收合於底成圓筒
狀。

⋮

轉縱向，依法做第二次擀平、
捲折收合於底成圓筒狀，3個
為組、收口朝底、同方向。

⋮

放入吐司模中，最後發酵約60
分鐘（約模型7分滿），蓋上
吐司模蓋。

07 │ 烘烤

用上火200℃／下火190℃烤
焙約32分鐘。取出，連同模型
震敲出空氣，脫模。

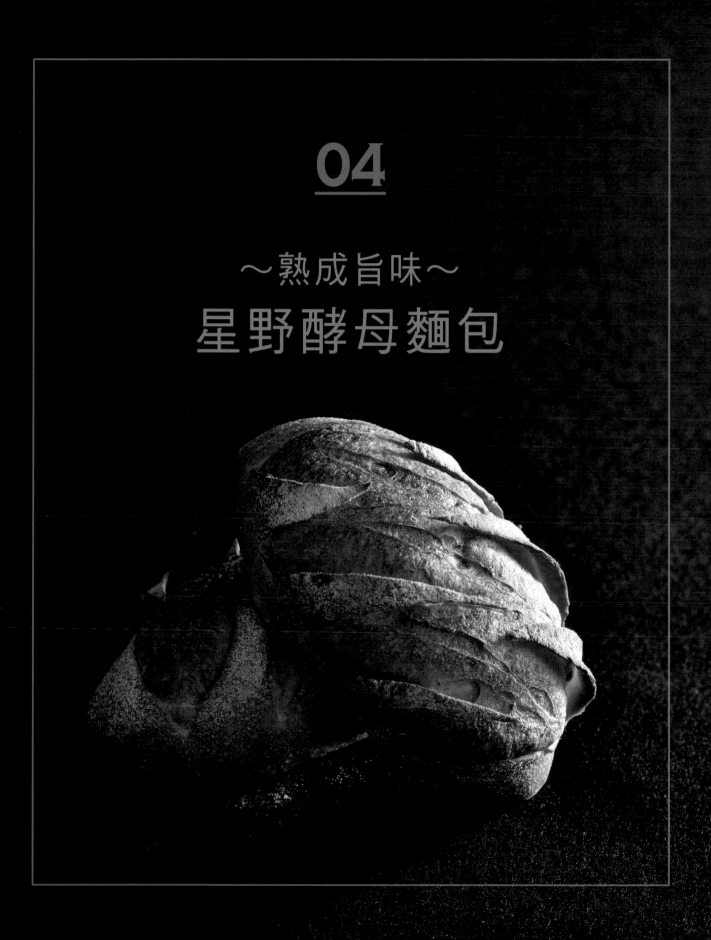

04

～熟成旨味～
星野酵母麵包

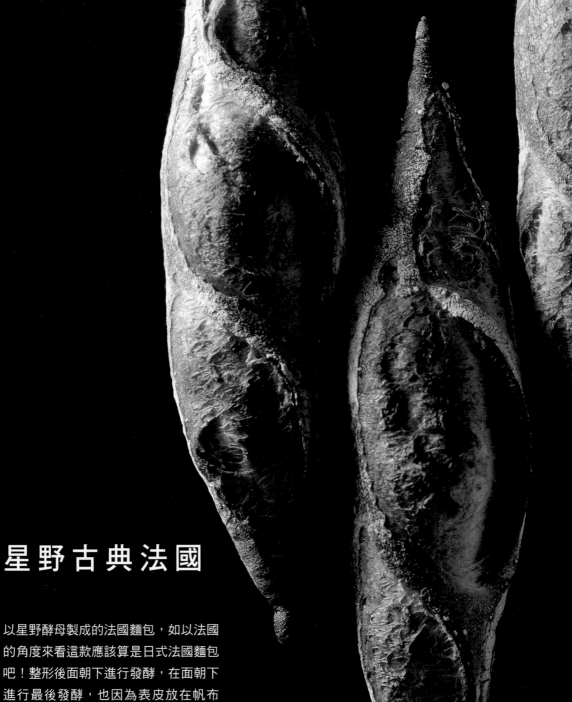

星野古典法國

以星野酵母製成的法國麵包,如以法國的角度來看這款應該算是日式法國麵包吧!整形後面朝下進行發酵,在面朝下進行最後發酵,也因為表皮放在帆布上,而帆布會吸收表皮的水分,所烤焙出來成品的表皮會略厚,更加有口感。

剖面特色	外層略厚,氣孔多且平均,口感適中。
難易度	★★★
製法	直接法
份量	約14個

INGREDIENTS

[麵團]

奧本惠法國粉	930g
裸麥粉	70g
麥芽精	3g
鹽	20g
水	550g
星野生種(P36)	50g
星野魯邦種(P37)	500g

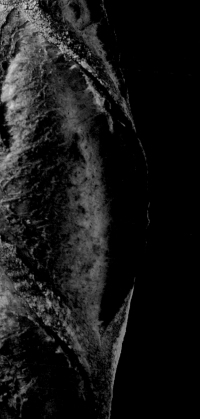

攪拌麵團

材料低速攪拌成團,加入鹽攪拌至7分筋,終溫23℃。

基本發酵、翻麵排氣

45分鐘,壓平排氣、翻麵45分鐘。

分割

麵團150g,拍折成橢圓狀。

中間發酵

25分鐘。

整型

整型成長條狀。

最後發酵

50分鐘,斜劃3刀口。

烘烤

前蒸氣、後蒸氣。上火230℃／下火180℃烘烤20分鐘。

01 | 攪拌麵團

將法國粉、裸麥粉、麥芽精、水以低速混合攪拌,加入星野生種、星野魯邦種低速攪拌融合至成團。

⋮

加入鹽轉中速攪拌均勻至約7分筋。

▼

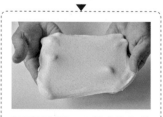

麵團延展開,可拉出均勻薄膜、筋度彈性,終溫**23℃**。

02 │ 基本發酵、翻麵排氣

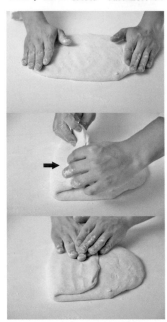

基本發酵約45分鐘。輕拍壓整體麵團,從左側朝中間折1/3,輕拍壓。

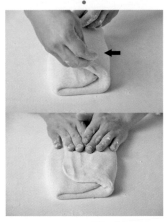

再從右側朝中間折1/3,輕拍壓。

由內側朝外折1/3,輕拍壓,再向外折1/3將麵團折疊起來,繼續發酵約45分鐘。

03 │ 分割、中間發酵

麵團分割成150g,輕拍稍平整,由內側往外側捲折,收合於底。

⋮

稍滾動成橢圓狀,中間發酵約25分鐘。

04 │ 整型、最後發酵

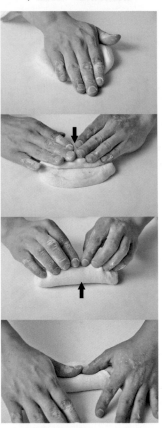

用手掌輕拍麵團排出氣體、平順光滑面朝下。分別從內側與外側往中間折1/3,用手指按壓折疊的接合處使其貼合。

⋮

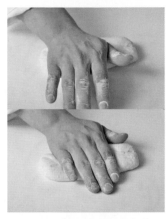

用手掌的根部按壓接合處密合，輕拍均勻。

⋮

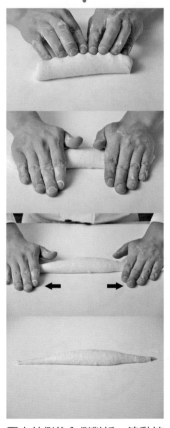

再由外側往內側對折，滾動按壓接合處密合，由中心往兩側搓成棒狀，輕輕滾動延展細長，再搓揉兩側成細尖狀。

⋮

將麵團收口朝上，放置折凹槽的發酵布上，最後發酵約50分鐘。

⋮

將收合口朝下放置，用移動板將麵團移到滑送帶上。在表面呈45度角的斜劃出3道刀口。

POINT
每條刀紋的長度須一致，前後相鄰的刀紋約呈1/3重疊的平行劃切。

05 │ 烘烤

用上火230℃／下火180℃，入爐後開蒸氣3秒，烤焙2分鐘後，再蒸氣3秒，烘烤約20分鐘。

帕瑪森椒鹽乳酪

麵團用葡萄菌水作為發酵主軸，藉由發酵的香氣來增加麵包的豐富性。以微甜氣味和微鹹風味作呈現，使用乳酪跟帕瑪森乾酪粉混搭增加香氣，加上黑胡椒作為提味，在風味上呈現畫龍點睛的效果；遇熱融化的乳酪，融化流出的乳酪也會被烤得又香又脆。

剖面特色	膨脹力良好、孔洞小且平均、表皮略厚、內層Q軟。
難易度	★★★
製法	中種法
份量	約6個

INGREDIENTS

[中種]

奧本惠法國粉 450g
T150有機石磨麵粉 50g
蜂蜜 10g
葡萄菌水（P28）................ 150g
法國老麵（P30）................. 75g
水 200g

[主麵團]

A 奧本惠法國粉 500g
鹽 20g
麥芽精 3g

低糖乾酵母 5g
星野蜂蜜種（P38）... 200g
B 水 350g
葡萄乾 150g
核桃 150g

[內餡]（每份40g）

奶油乳酪 240g
黑胡椒粉 1g
帕瑪森乳酪粉 50g

PROCESS

中種製作

所有材料攪拌均勻，室溫發酵12～18小時。

↓

主麵團攪拌

中種、材料 Ａ 低速攪拌2分鐘（酵母除外），加入酵母攪拌3分鐘。切取外皮麵團420g，其餘加入葡萄乾、核桃低速攪拌混合，終溫24℃。切拌折疊混合。

↓

基本發酵、翻麵排氣

45分鐘，壓平排氣、翻麵45分鐘。

↓

分割

內層麵團315g、外皮70g，折疊收合滾圓。

↓

中間發酵

25分鐘。

↓

整型

內層麵團包餡內餡滾圓，包覆擀圓的外皮，整型圓球狀。

↓

最後發酵

50分鐘，篩灑裸麥粉、劃4刀口。

↓

烘烤

前蒸氣、後蒸氣。上火210℃／下火200℃烘烤25分鐘。

STEP BY STEP

01 | 椒鹽乳酪

將奶油乳酪沾裹混勻的黑胡椒粉、帕瑪森乳酪粉，搓揉成長條狀，再分切成丁備用。

02 | 中種製作

將所有材料用低速攪拌5分鐘混合均勻，整合麵團成圓球狀。

⋮

放入容器中，用保鮮膜覆蓋，放置室溫（約18℃）發酵12～18小時（約1倍大）。

▼

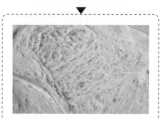

麵團發酵完成的狀態，麵團組織。

03 | 主麵團攪拌

將中種、法國粉、鹽、麥芽精、星野蜂蜜種、水用低速攪拌2分鐘。

⋮

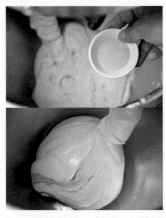

加入低糖乾酵母攪拌3分鐘拌勻。

▼

麵團延展開的薄膜狀態。

先將麵團分割取出外皮麵團（420g）。其餘再加入材料 B 低速拌勻（麵團延展開，可拉出均勻薄膜、筋度彈性，終溫24℃）。

分切麵團、上下重疊，再對切、重疊放置，依法重複切拌混合的操作，至混合均勻。放置發酵箱中，蓋上發酵箱蓋。

04 | 基本發酵、翻麵排氣

基本發酵約45分鐘。輕拍壓整體麵團。

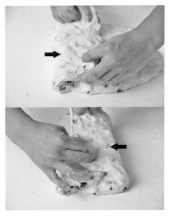

分別從左側、右側朝中間折1/3，輕拍壓。

再由內側朝外折1/3，輕拍壓，再向外折1/3將麵團折疊起來，繼續發酵約45分鐘。

POINT
麵團整體以相同的力道按壓很重要，按壓方式不均勻時，麵團中的氣體含量也會不均勻。

05 | 分割、中間發酵

內層麵團分割成315g、外皮麵團70g。外皮麵團輕拍平整，由內側往外側捲折，收合滾圓。

．．．

將內層麵團輕拍平整，由內側往外側捲折，收合滾圓。

．．．

中間發酵約25分鐘。

06 | 整型、最後發酵

內層

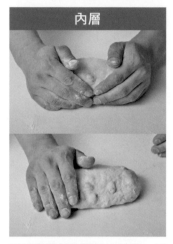

用手掌輕拍麵團排出氣體、平順光滑面朝下。從內側往外側對折使麵團鼓起，輕拍均勻。

．．．

轉向縱放，拍壓成橢圓片狀，表面均勻鋪放上椒鹽乳酪（約40g）。

．．．

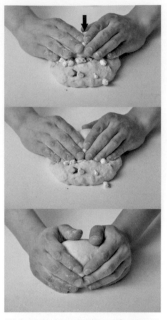

從內側往外側折起，稍按壓接合處密合，再往外側折起收合於底。

．．．

輕滾動整成圓球狀。

外皮、組合

用手掌輕拍扁外皮，先縱向擀成圓片狀，再轉向橫放擀成厚度一致的圓片狀。

將內層麵團收口朝上擺放在外皮上。

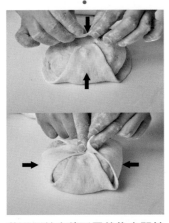

將兩側外皮稍延展的往中間拉起貼合，再將另外兩側外皮往中間拉起包覆。

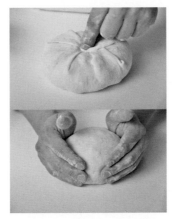

收合接合的四邊，確實捏緊收合。整型成圓球狀。

發酵前

發酵後

將麵團收口朝下，放置發酵布上，最後發酵約50分鐘。

表面鋪放圖紋膠片、篩灑上裸麥粉（份量外），在表面切割4刀口。

07 | 烘烤

用上火210℃／下火200℃，入爐後開蒸氣3秒，烤焙2分鐘後，再蒸氣3秒，烘烤約25分鐘。

POINT
篩灑的裸麥粉用於裝飾，能突顯出圖紋即可，不必灑太多太厚，過多的粉也會影響口感。

義式薩拉米

臘腸、乾燥洋蔥絲的氣味和微鹹，以及黑橄欖與核桃的搭配，讓麵包的美味更有層次感。添加風味別具的配料，增添更多口味上的變化，獨特香味滲透到麵團裡，口感比起一般培根麵包更勝一籌。

剖面特色	外層皮薄，氣泡小均勻，斷口性良好。
難易度	★★
製法	直接法
份量	約11個

INGREDIENTS

[麵團]

A	奧本惠法國粉	465g
	裸麥粉	35g
	麥芽精	1.5g
	水	270g
	鹽	10g
	蜂蜜	15g
	星野生種（P36）	25g
	星野蜂蜜種（P38）	250g
	法國老麵（P30）	100g

B	臘腸	100g
	黑橄欖	75g
	乾燥洋蔥絲	25g
	核桃	50g

攪拌麵團

材料 Ⓐ（鹽、法國老麵除外）低速攪拌成團，加入鹽、法國老麵攪拌至光滑，加入材料 Ⓑ 混合拌勻，終溫24℃。切拌折疊混合。

基本發酵、翻麵排氣

45分鐘，壓平排氣、翻麵45分鐘。

分割

麵團120g，折疊收合成圓球狀。

中間發酵

25分鐘。

整型

整型成長條狀，壓出凹陷小圓結。

最後發酵

60分鐘，篩灑裸麥粉，彎折馬蹄狀。

烘烤

前蒸氣、後蒸氣。上火230℃／下火170℃烘烤15分鐘。

01 | 前置處理

臘腸切成丁狀，黑橄欖對切。

02 | 攪拌麵團

將法國粉、裸麥粉、麥芽精、水以低速混合攪拌，加入星野蜂蜜種、星野生種、蜂蜜低速攪拌融合至成團。

．
．
．

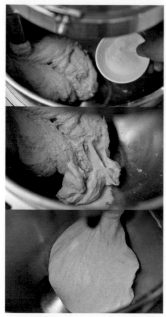

再加入鹽、法國老麵轉中速攪拌均勻至麵團光滑。

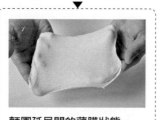

麵團延展開的薄膜狀態。

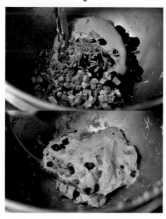

再加入材料 B 攪拌混合均勻。（麵團延展開，可拉出均勻薄膜、筋度彈性，終溫24℃）。

分切麵團、上下重疊，再對切、重疊放置，依法重複切拌混合的操作，至混合均勻。放置發酵箱中，蓋上發酵箱蓋。

03 | 基本發酵、翻麵排氣

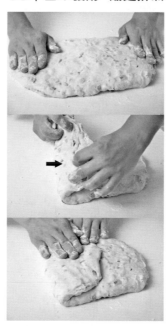

基本發酵約45分鐘。輕拍壓整體麵團，從左側朝中間折1/3，輕拍壓。

從右側朝中間折1/3，輕拍壓。

再由內側朝外折1/3，輕拍壓，再向外折1/3將麵團折疊起來，繼續發酵約45分鐘。

POINT
麵團整體以相同的力道按壓很重要，按壓方式不均勻時，麵團中的氣體含量也會不均勻。

04 | 分割、中間發酵

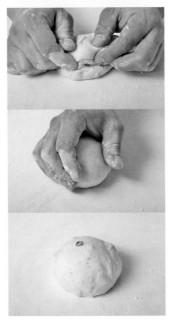

將麵團分割成120g，輕拍稍平整，由內側往外側捲折，收合於底，滾動成圓球狀，中間發酵約25分鐘。

05 | 整型、最後發酵

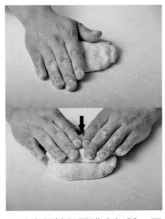

用手掌輕拍麵團排出氣體、平順光滑面朝下。從內側往中間折1/3，用手指按壓折疊的接合處使其貼合。

∵

再由外側往中間折1/3，用手指按壓折疊的接合處使其貼合。

∵

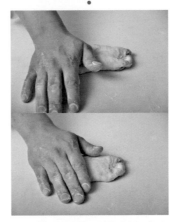

用手掌的根部按壓接合處密合，輕拍均勻。

∵

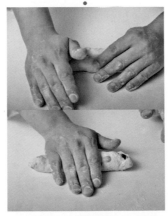

再由外側往內側對折，滾動按壓接合處密合。

由中心往兩側搓成棒狀，輕輕滾動延展細長狀。

∵

用手刀由中央處壓切出凹陷孔後，再由左右兩側壓切搓出小圓結。

∵

將麵團收口朝下，放置折凹槽的發酵布上，最後發酵約60分鐘。在表面篩灑上裸麥粉（份量外），彎折成馬蹄狀。

06 | 烘烤

用上火230℃／下火170℃，入爐後開蒸氣3秒，烤焙2分鐘後，再蒸氣3秒，烘烤約15分鐘。

橘香櫻桃鴨

歐式麵包大多是以果乾、堅果做呈現，
或以起司、肉製品搭配；此款配方則結
合糖漬橘子薄片與櫻桃鴨胸肉為組合，
做如此的搭配是因為「柳丁鴨」讓人留
下深刻印象而產生的靈感發想，鹹甜滋
味是既熟悉又陌生，毫無違和感。

剖面特色	外層薄脆，氣孔小且平均，內層
	有均勻餡料分布。
難易度	★★
製法	直接法
份量	約10個

[麵團]

A　奧本惠法國粉 930g
　　裸麥粉 70g
　　麥芽精 3g
　　水 540g
　　鹽 20g
　　蜂蜜 30g
　　星野生種（P36）............ 50g
　　星野蜂蜜種（P38）:.....500g
　　法國老麵（P30）   200g

B　櫻桃鴨胸肉 300g
　　核桃 100g

[內餡]（每份50g）

奶油乳酪 400g
橘皮絲 120g

攪拌麵團

材料 Ａ （鹽、法國老麵除外）低速攪拌成團，加入鹽、法國老麵攪拌至光滑，切取出麵團（700g），剩餘加入材料 Ｂ 混合拌勻，終溫24℃。切拌折疊混合。

基本發酵、翻麵排氣

45分鐘，壓平排氣、翻麵45分鐘。

分割

內層麵團200g、外皮麵團70g，折疊收合成圓球狀。

中間發酵

25分鐘。

整型

內層麵團擠上內餡整成橢圓狀，外層麵團擀平包覆內層麵團整型成橢圓狀。

最後發酵

60分鐘，篩灑裸麥粉，斜割刀口。

烘烤

前蒸氣、後蒸氣。上火220℃／下火180℃烘烤24分鐘。

01 | 前置處理

櫻桃鴨胸肉切成丁。

橘皮奶油乳酪。將奶油乳酪、橘皮絲混合拌勻即可（約10：3）。

02 | 攪拌麵團

麵團攪拌製作參見P186「義式薩拉米」，作法2。將麵團攪拌均勻至光滑。

將攪拌好的麵團先切取出麵團（700g）做成外層麵團。

其餘加入材料 Ｂ 攪拌混合均勻，做成內層麵團。（麵團延展開，可拉出均勻薄膜、筋度彈性，終溫24℃）。

分切麵團、上下重疊，再對切、重疊放置，依法重複切拌混合的操作，至混合均勻。整合圓球狀，放置發酵箱中，蓋上發酵箱蓋。

03 | 基本發酵、翻麵排氣

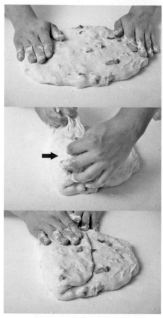

基本發酵約45分鐘。輕拍壓整體麵團，將左側朝中間折1/3，輕拍壓。

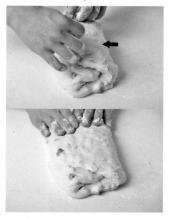

再將右側朝中間折1/3，輕拍壓。

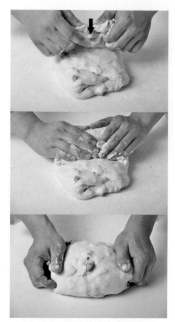

由內側朝外折1/3，輕拍壓，再向外折1/3將麵團折疊起來，繼續發酵約45分鐘。

04 | 分割、中間發酵

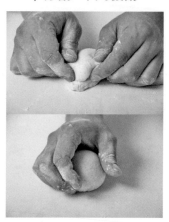

內層麵團分割成200g、外皮麵團70g。外皮麵團輕拍稍平整，滾圓。

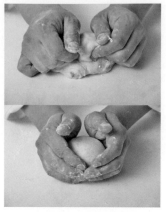

將內層麵團滾動收合滾圓。中間發酵約25分鐘。

05 | 整型、最後發酵

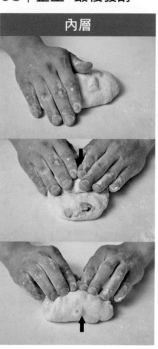

內層

用手掌輕拍麵團排出氣體、平順光滑面朝下。轉向縱放，分別從內側與外側往中間折起1/3，稍按壓接合處使其貼合。

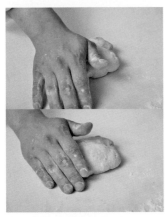

用手掌的根部按壓接合處密
合，均勻輕拍。

......

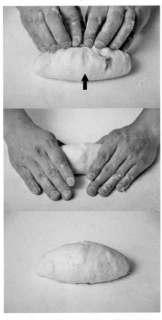

在表面接合處擠上橘皮奶油乳
酪（約50g）。

......

從外側往內側折起，稍按壓接
合處密合收合於底，輕滾動整
成橢圓狀。

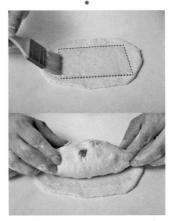

用手掌輕拍扁外皮，擀成橢圓
片狀。

......

在外皮表面處塗刷橄欖油（邊
緣預留不塗刷），再將內層麵
團收口朝上擺放在外皮上。

......

將兩側外皮稍延展的往中間拉
起貼合，沿著接合口確實捏緊
收合。

稍搓揉兩端整型成橢圓狀。

......

將麵團收口朝下，放置折凹槽
的發酵布上，最後發酵約60分
鐘。表面篩灑上裸麥粉（份量
外），連續切割出閃電刀口。

POINT
斜劃刀口後的連接點要接合
切開，烤焙後表層皮才會呈
現掀起翻開狀態。

06 | 烘烤

用上火220℃／下火180℃，
入爐後開蒸氣3秒，烤焙2分鐘
後，再蒸氣3秒，烘烤約24分
鐘。

星野山形脆皮

星野魯邦種本身酵母菌多有足夠的膨脹力，以星野酵母製作的脆皮吐司，製作時的重點就在發酵時翻麵的動作要盡量輕柔，是因為本身種的添加量高達60%，若對麵團施太多力道會造成口感韌性太強。

剖面特色	外層皮薄，內層氣孔大小不一，略有口感。
難易度	★★
製法	直接法
份量	約4個

INGREDIENTS

[麵團]

A 高筋麵粉.................. 1000g
　 細砂糖......................... 30g
　 鹽................................ 18g
　 奶粉.......................... 10g
　 星野生種（P36）............ 50g
　 星野魯邦種（P37）...... 600g
　 水.............................. 420g
B 無鹽奶油..................... 50g

攪拌麵團

　　材料低速攪拌成團,加入
材料B攪拌至完全擴展,
終溫28℃。

基本發酵、翻麵排氣

　　45分鐘,壓平排氣、翻麵
45分鐘。

分割

　　麵團250g×2,折疊滾
圓。

中間發酵

　　25分鐘。

整型

　　整型成圓球狀。2個為
組,收口朝下入模。

最後發酵

　　90分鐘,斜劃2刀口。

烘烤

前蒸氣、後蒸氣。上火180℃／
下火230℃烘烤30分鐘。

STEP BY STEP

01 | 備妥模型

吐司模型(SN2066)。

02 | 攪拌麵團

將星野生種、星野魯邦種,與
其他所有材料A低速攪拌6分
鐘至成光滑麵團。

加入材料 B 攪拌均勻至完全擴展。

▼

麵團延展開，可拉出均勻薄膜、筋度彈性，終溫28℃。

⋮

整合麵團使表面緊實，放置發酵箱中，蓋上發酵箱蓋。

03 │ 基本發酵、翻麵排氣

基本發酵約45分鐘。輕拍壓整體麵團，從左側朝中間折1/3，輕拍壓。

⋮

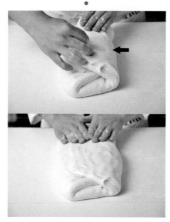

再從右側朝中間折1/3，輕拍壓。

⋮

由內側朝外折1/3，輕拍壓，再向外折1/3將麵團折疊起來，繼續發酵約45分鐘。

POINT
麵團整體以相同的力道按壓很重要，按壓方式不均勻時，麵團中的氣體含量也會不均勻。

04 │ 分割、中間發酵

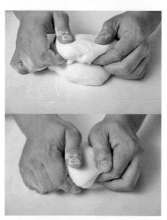

麵團分割成250g×2個，輕拍稍平整，由內側往外側捲折，收合於底。

⋮

稍滾動成圓球狀，中間發酵約
25分鐘。

05 | 整型、最後發酵

將麵團滾動收合塑整成圓球
狀。

⋮

以2個為組，收口朝下，倚著
模邊放置兩側麵團，最後發酵
約90分鐘（約模型9分滿），
在表面斜劃刀口。

06 | 烘烤

用上火180℃／下火230℃，
入爐後開蒸氣4秒，烤焙2分鐘
後，再蒸氣4秒，烘烤約30分
鐘。取出，連同模型震敲出空
氣，脫模。

POINT
烘烤完成出爐後立即脫模、
倒扣待冷卻。一旦有發酵過
度、烘烤不足，或出爐後未
及時脫模都很容易發生縮腰
的情形。

潘那朵尼

配方中葡萄菌水的作用是取其發酵香氣，
工房種則為穩定發酵和膨脹力的作用。此
款配料豐富的麵團中添加了奶油、蛋黃、
砂糖及酒漬果乾，經過長時間發酵，醞釀
出深邃迷人的芳香。烘烤完成放置2～3天
後，葡萄菌水的發酵香氣和酒漬果乾香氣
會漸漸釋放與奶香完美融合，層次圓潤深
邃，柔軟口感宛如蛋糕般的質地。

剖面特色	外皮柔軟，組織細緻，佈滿果乾，口感輕柔。
難易度	★★★★★
製法	直接法
份量	約9個

INGREDIENTS

[中種]

S.OAK特高筋麵粉	700g
葡萄菌水（P28）	120g
蛋黃	250g
細砂糖	100g
星野蜂蜜種（P38）	150g
麥芽精	3g
香草莢	1根
水	80g

[主麵團]

A	S.OAK特高筋麵粉	300g
	鮮奶	100g
	細砂糖	180g
	鹽	12g
	蜂蜜	30g
	水	100g
	星野蜂蜜種（P38）	150g
	無鹽奶油	450g

B	酒漬葡萄乾	550g
	橘皮丁	200g

[表面用]

無鹽奶油

PROCESS	STEP BY STEP

PROCESS

中種製作

　　所有材料低速攪拌成團，室溫發酵16～20小時。

↓

主麵團攪拌

　　中種、所有主麵團材料（砂糖、鹽、奶油除外）低速攪拌成團，加入糖、鹽攪拌至光滑，加入奶油攪拌融合至完全擴展，加入酒漬果乾拌勻，終溫26℃。切拌折疊混合。

↓

基本發酵

　　30分鐘。

↓

分割

　　麵團350g。

↓

整型

　　折疊整型成圓球狀，收口朝下放入紙模。

↓

最後發酵

　　16～18小時，表面切劃十字刀口，擠上奶油。

↓

烘烤

上火160℃／下火150℃烘烤38分鐘。倒吊放涼。

STEP BY STEP

01 ｜ 前置處理

葡萄乾浸泡蘭姆酒約7天至完全入味。

圓形紙模（高8.5×直徑12cm）用長竹籤在底部平行穿刺。

02 ｜ 中種製作

將葡萄菌水、星野蜂蜜種與其他所有材料用低速攪拌3分鐘攪拌混合成團。

POINT
香草莢橫剖開，用刀背刮出香草籽使用。

整合麵團使表面緊實,用保鮮膜覆蓋,放置室溫(約24℃)發酵16〜20小時(約4〜5倍大)。

▼

發酵完成的組織狀態。

03 | 主麵團攪拌

將中種、主麵團材料Ⓐ(砂糖、鹽、奶油除外)用低速攪拌3分鐘攪拌混合成團。

⋮

加入細砂糖、鹽攪拌3分鐘至麵團呈光滑約8分筋。

▼

麵團延展開的薄膜狀態。

⋮

加入奶油攪拌至完全擴展。

▼

麵團延展開的薄膜狀態。

⋮

最後加入材料Ⓑ混合攪拌均勻。(麵團延展開,可拉出均勻薄膜、筋度彈性,終溫26℃)。

⋮

分切麵團、上下重疊,再對切、重疊放置,依法重複切拌混合的操作,至混合均勻。放置發酵箱中,蓋上發酵箱蓋。

04 | 基本發酵

緊實表面整合麵團,基本發酵約30分鐘。

05 | 分割、整型、最後發酵

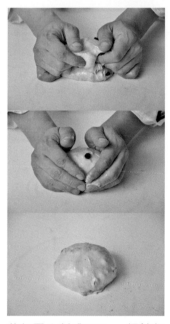

將麵團分割成350g,輕拍麵團排出氣體、平順光滑面朝下。從底部向內對折使麵團鼓起,收合於底,滾動塑型成圓球狀。

將麵團收口朝下,放入紙模中,放置發酵箱(約18℃)最後發酵約16～18小時(約模型8分滿)。

在表面切割十字刀口,並將切口處的麵皮稍向外翻開,擠上無鹽奶油。

POINT
在表面切劃出十字刀痕,沿著切口片起表層麵皮,擠上奶油,能有助於麵團的膨脹,也可讓奶油可從切口滲透至整個麵團裡,形成漂亮外型。

06 | 烘烤

用上火160℃/下火150℃烤焙約38分鐘。完成烘烤後,倒吊在層架上放涼。

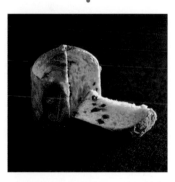

潘那朵尼在常溫下可保存較長的時間,且風味香氣在第2～3天後更加成熟圓潤。

鹽 の 花 卷

使用高粉進行攪拌，主要目的是要讓麵團本身更加鬆軟，貝斯頓麵粉的化口性較好，因此搭配星野蜂蜜種讓風味更加有層次，裡面包覆發酵奶油，經過高溫烤焙多餘的油會流下底層，形成酥脆又爽口的單純美味。

剖面特色	底部酥脆，略有口感。
難易度	★★★
製法	直接法
份量	約20個

INGREDIENTS

[麵團]

A 貝斯頓高筋麵粉 500g
　　細砂糖 45g
　　鹽 8g
　　煉乳 25g
　　新鮮酵母 12.5g
　　星野蜂蜜種（P38）...... 100g
　　水 300g
B 無鹽奶油 30g

[內層]（每份8g）

無鹽奶油

攪拌麵團

材料A（酵母、鹽除外）低速攪拌成團，加入鹽攪拌，加入新鮮酵母攪拌至光滑，再加入材料B攪拌至擴展，終溫26℃。

↓

基本發酵、翻麵排氣

30分鐘，壓平排氣、翻麵30分鐘。

↓

分割

麵團50g，滾成水滴狀。

↓

中間發酵

15分鐘。再冷藏1小時。

↓

整型

擀平包覆奶油，捲成圓筒狀。

↓

最後發酵

50分鐘，灑上海鹽。

↓

烘烤

前蒸氣。上火230℃／下火170℃烘烤14分鐘。

---

01 │ 攪拌麵團

將星野蜂蜜種、其他材料A（新鮮酵母、鹽除外）低速攪拌2分鐘混合攪拌成團。

⋮

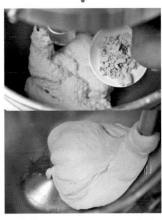

加入鹽攪拌混勻，再加入新鮮酵母攪拌至麵團光滑約7分筋狀態。

⋮

加入材料B。

⋮

攪拌均勻至完全擴展。

▼

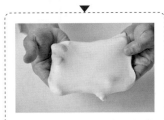

麵團延展開，可拉出均勻薄膜、筋度彈性，終溫26℃。

⋮

整合麵團使表面緊實，放置發酵箱中，蓋上發酵箱蓋。

▼

麵團發酵完成的狀態。

02 │ 基本發酵、翻麵排氣

基本發酵約30分鐘。輕拍壓整體麵團，從左側朝中間折1/3，輕拍壓。

⋮

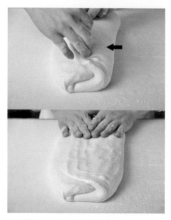

再從右側朝中間折1/3，輕拍
壓。

由內側朝外折1/3，輕拍壓，
再向外折1/3將麵團折疊起
來，繼續發酵約30分鐘。

麵團發酵完成的狀態。

03 | 分割、中間發酵

麵團分割成50g，輕拍、對折
收合成圓球後，搓揉成圓錐
狀，中間發酵約15分鐘。用保
鮮膜覆蓋冷藏靜置約1小時。

04 | 整型、最後發酵

將麵團搓揉成一端稍厚、一端
漸細的圓錐狀。

用手輕拉尖細端，由中間往底
部延展擀平後，再朝上半部
擀壓平。

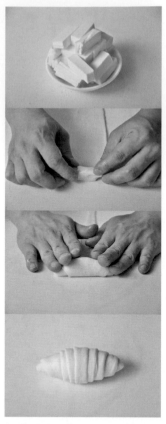

奶油切成8g條狀。在圓端處放
上奶油，從圓端外側邊緣稍反
折覆蓋、按壓，再由外側朝內
側小小折疊2～3次，做出中央
部分，再以中央部分為軸地滾
動捲起至底，收合於底成型。

將麵團收口朝下、呈間隔排列
烤盤上，最後發酵50分鐘。
表面篩灑上葛宏德海鹽。（在
表面塗刷油脂，烤後紋路會裂
得較漂亮）

05 | 烘烤

用上火230℃／下火170℃，
入爐後開蒸氣3秒，烘烤約14
分鐘。

05

～獨門絕活～
究極風味麵包

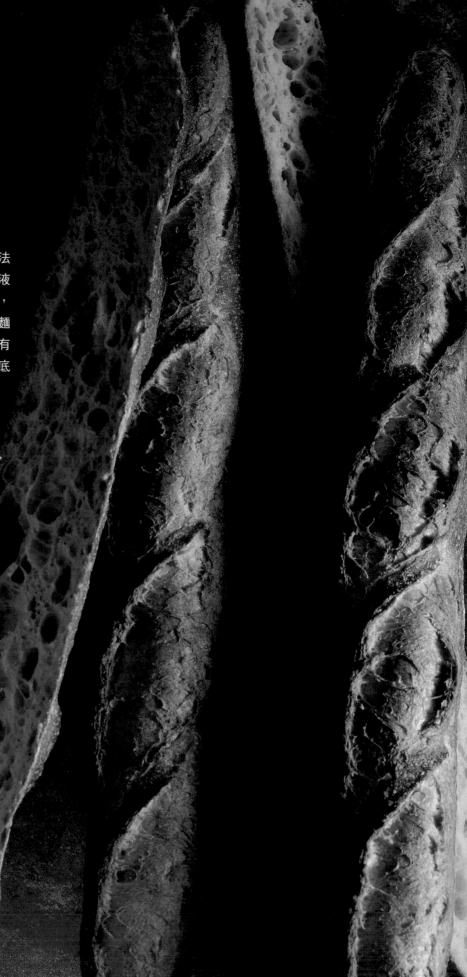

極致風味法國

配方為2015年烘焙王比賽時量身設計的法國長棍。中種法的製作綜合了直接法與液種法的兩種優點，能呈現直接法的酥脆，又保有液種法的濕潤度。在主麵團裡的麵粉與其餘水分再進行自我分解30分，能有效縮短攪拌時間，讓小麥的豐富風味徹底呈現！

剖面特色	外層酥脆，內層氣泡大小不一，色澤偏黃，斷口性良好。
難易度	★★★★★
製法	中種法
份量	約5個

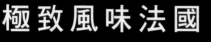

INGREDIENTS

[中種]

奧本惠法國粉 350g
法國老麵（P30） 85g
水 200g
低糖乾酵母 1g

[主麵團]

T80法國粉 650g
低糖乾酵母 3g
魯邦種（P32） 30g
鹽 20g
麥芽精 3g
水 500g

中種製作

所有材料攪拌均勻，室溫發酵2小時，冷藏發酵12～18小時。

↓

主麵團攪拌

將中種、材料（魯邦種、酵母、鹽除外）低速攪拌混合，靜置，自我分解約30分鐘，加入魯邦種、酵母攪拌2分鐘，再加入鹽攪拌2分鐘至完全擴展，終溫23℃。

↓

基本發酵、翻麵排氣

40分鐘，壓平排氣、翻麵40分鐘。

↓

分割

麵團350g，拍折成橢圓狀。

↓

中間發酵

25分鐘。

↓

整型

折疊整型長條狀。

↓

最後發酵

50分鐘，斜劃5刀口。

↓

烘烤

前蒸氣、後蒸氣。上火220℃／下火200℃烘烤25分鐘。

---

01 | 中種製作

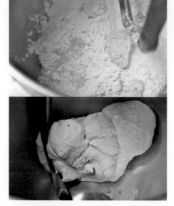

將所有材料用低速攪拌5分鐘攪拌混合均勻。

⋮

室溫發酵後

冷藏發酵後

用保鮮膜覆蓋，放置室溫（約18℃）發酵2小時，再移置冰箱冷藏約12～18小時。

▼

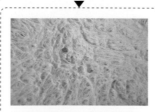

麵團發酵完成、組織狀態。

---

02 | 主麵團攪拌

將法國粉、水、麥芽精用低速攪拌2分鐘攪拌混合均勻。停止攪拌，靜置，進行自我分解約30分鐘。

▼

此時麵團狀態、組織。

POINT
完成自我分解的這段期間，麵筋組織會逐漸形成可薄薄延展的狀態。此時麵團表面也會變得較之前更加平滑。

⋮

加入中種、魯邦種、低糖乾酵母攪拌2分鐘。

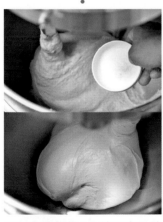

再加入鹽攪拌2分鐘至完全擴展。

麵團延展開，可拉出均勻薄膜、筋度彈性，終溫23℃。

03 | 基本發酵、翻麵排氣

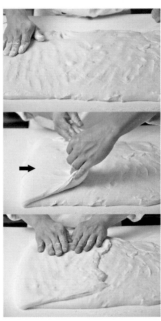

基本發酵約40分鐘。輕拍壓整體麵團，從左側朝中間折1/3，輕拍壓。

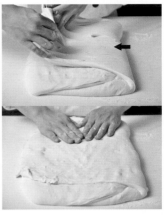

再從右側朝中間折1/3，輕拍壓。

由內側朝外折1/3，輕拍壓，再向外折1/3將麵團折疊起來，繼續發酵約40分鐘。

POINT
麵團整體以相同的力道按壓很重要，按壓方式不均勻時，麵團中的氣體含量也會不均勻。

04 | 分割、中間發酵

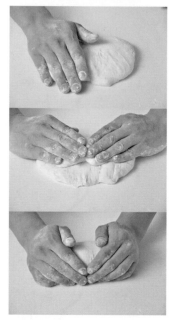

麵團分割成350g，輕拍稍平整，由內側往外側捲折，收合於底。

稍微滾動整理麵團成橢圓狀，讓表面變得飽滿，中間發酵約25分鐘。

05 | 整型、最後發酵

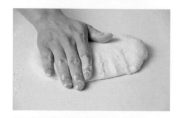

用手掌輕拍麵團排出氣體、平順光滑面朝下。

從內側往中間折1/3，用手指按壓折疊的接合處使其貼合。

> **POINT**
> 麵團的接合處要確實緊貼附著。

再由外側往中間折1/3。

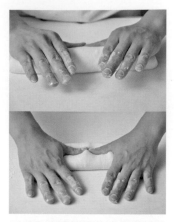

用手指按壓折疊的接合處使其貼合。

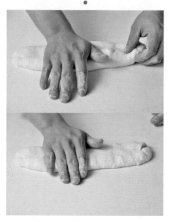

用手掌的根部按壓接合處密合，輕拍均勻。

再由外側往內側對折，滾動按壓接合處密合，由中心往兩側搓成棒狀，輕輕滾動延展成約60cm細長狀。

⋮

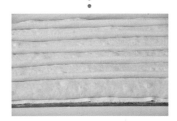

將麵團收口朝下，放置折凹槽的發酵布上，最後發酵約50分鐘。

POINT
把發酵帆布折成凹槽隔開左右兩側，可防止發酵麵團變軟塌形。

⋮

用移動板將麵團移到滑送帶上（slip belt）。

⋮

在表面呈45度角的斜劃出5道刀口。

POINT
每條刀紋的長度須一致，前後相鄰的刀紋約呈1/3重疊的平行劃切。

06 | 烘烤

用上火220℃／下火200℃，入爐後開蒸氣3秒，烤焙2分鐘後，再蒸氣3秒，烘烤約25分鐘。

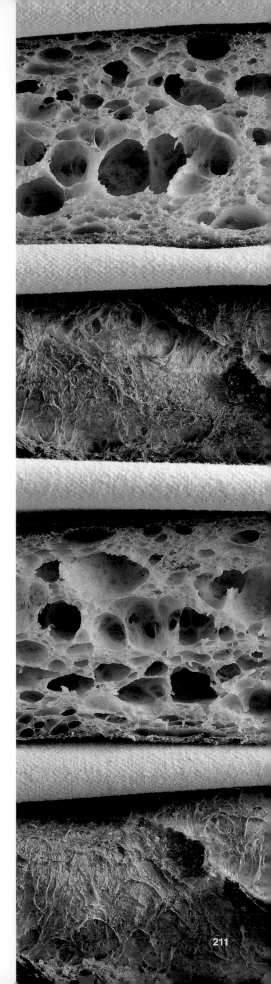

烈焰鄉村

鄉村麵包在歐洲有如台灣的米飯主食，
以這種飲食文化來製作此款麵包，麵團
裡以法國粉、裸麥粉、石磨麵粉去呈
現，配方裡添加魯邦種來增加單純的鄉
村風味。

剖面特色	外層皮薄，氣泡大小不一，略有乳酸風味。
難易度	★★★★★
製法	冷藏法
份量	約4個

[麵團]

奧本惠法國粉	850g
T150有機石磨麵粉	100g
裸麥粉	50g
鹽	21g
低糖乾酵母	2g
魯邦種（P32）	250g
麥芽精	3g
水	630g

[外皮]

奧本惠法國粉	400g
裸麥粉	100g
低糖乾酵母	1.2g
鹽	6.5g
蜂蜜	20g
水	235g

[表面用]

奇亞子

外皮製作

所有材料攪拌均勻成團，鬆弛15分鐘。擀壓平，裁切火焰片，刷油沾裹奇亞子，冷凍。

攪拌麵團

材料（酵母、鹽除外）低速攪拌成團，轉中速加入酵母攪拌均勻，加入鹽拌勻，轉低速攪拌至6分筋，終溫22℃。

基本發酵、翻麵排氣

15分鐘，壓平排氣、翻麵15分鐘。冷藏靜置12~18小時。

分割

內層麵團400g，折疊滾圓，回溫16℃。

整型

內層麵團整型三角狀。火焰外皮背面邊緣刷油。三角麵團表面黏貼上火焰。

最後發酵

60分鐘。篩上裸麥粉，劃刀口。

烘烤

前蒸氣、後蒸氣。上火220℃／下火200℃烘烤30分鐘。

STEP BY STEP

01 ｜外皮製作

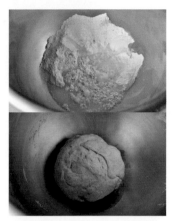

將所有材料用低速攪拌6分鐘混合均勻成團，用保鮮膜覆蓋鬆弛約15分鐘。

將麵團延壓擀平，裁切出火焰圖形（約65g），覆蓋塑膠袋冷凍。

火焰表面塗刷上橄欖油、沾裹烤過的奇亞子。覆蓋塑膠袋冷凍備用。

POINT

奇亞子用上火150℃／下火150℃，烘烤約10-15分鐘。

02 ｜攪拌麵團

將所有材料（低糖乾酵母、鹽除外）用低速攪拌2分鐘攪拌成團。

轉中速加入低糖乾酵母攪拌2分鐘，待酵母混拌。

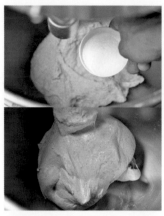

再加入鹽攪拌混合均勻，轉低速攪拌成團至6分筋（麵團延展開，可拉出均勻薄膜、筋度彈性，終溫22℃）。

⋮

整合成圓球狀，放置發酵箱中，蓋上發酵箱蓋。

03 | 基本發酵、翻麵排氣

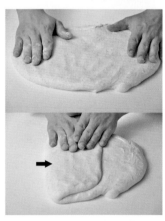

基本發酵約15分鐘。輕拍壓整體麵團，將左側朝中間折1/3，輕拍壓。

⋮

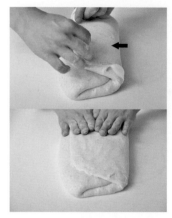

再將右側朝中間折1/3，輕拍壓。

⋮

由內側朝外折1/3，輕拍壓，再向外折1/3將麵團折疊起來，繼續發酵約15分鐘。用保鮮膜覆蓋冷藏靜置約12～18小時。

POINT
麵團整體以相同的力道按壓很重要，按壓方式不均勻時，麵團中的氣體含量也會不均勻。

04 | 分割

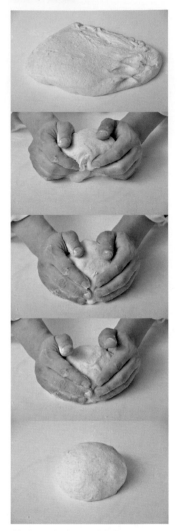

將內層麵團分割成400g，輕拍稍平整，由內側往外側捲折，收合於底，滾成圓球狀，放置室溫待麵溫回溫至約16℃。

05 | 整型、最後發酵

用手掌輕拍麵團排出氣體、平順光滑面朝下。從內外側朝中間聚攏，固定中心接合處。

沿著一側邊捏緊收合，再就另兩側邊捏緊收合三側邊。

將收合口朝下，塑整麵團使其飽滿，整型成三角狀。

將沾好奇亞子的裸麥火焰，沿著邊緣塗刷橄欖油。

在三角麵團表面黏貼上火焰。收口朝下，放置折凹槽的發酵布上，最後發酵約60分鐘。

表面鋪放圖飾膠片，篩灑上裸麥粉（份量外），在二側邊各切劃2刀口。

06 | 烘烤

用上火220℃／下火200℃，入爐後開蒸氣3秒，烤焙2分鐘後，再蒸氣3秒，烘烤約30分鐘。

裸麥蝴蝶蘭

用35%裸麥粉製作，並添加魯邦種來增強乳酸風味，裸麥粉本身膨脹力比較小，特別在配方裡多加法國老麵彌補膨脹力不足的問題，也因為添加魯邦種關係，隔天品嘗風味會更加明顯，因為裡面有乳酸菌，會越來越熟成，裸麥粉本身的鎖水性比較優良，隔天吃也不會覺得乾燥，裸麥纖維較多，比較容易有飽足感，大部分在品嘗時會建議切0.8~1cm左右。

剖面特色	外層略厚，組織密度高，有特殊酸香氣，口感較扎實。
難易度	★★★★★
製法	直接法
份量	約3個

INGREDIENTS

[麵團]

奧本惠法國粉	650g
裸麥粉	350g
魯邦種（P32）	100g
法國老麵（P30）	100g
鹽	22g
麥芽精	2g
低糖乾酵母	5g
水	670g

[外皮]

奧本惠法國粉	400g
裸麥粉	100g
低糖乾酵母	1.2g
鹽	6.5g
蜂蜜	20g
水	235g

外皮製作

所有材料攪拌均勻成團，鬆弛15分鐘。擀壓平，壓塑出三葉瓣、蝴蝶片，塗刷油沾奇亞子，冷凍。

↓

攪拌麵團

材料（酵母、法國老麵除外）低速攪拌成團，轉中速加入酵母攪拌2分鐘，加入法國老麵低速攪拌4分鐘，終溫26℃。

↓

基本發酵、翻麵排氣

45分鐘，壓平排氣、翻麵45分鐘。

↓

分割

內層麵團580g，折疊滾圓。

↓

中間發酵

25分鐘。

↓

整型

內層麵團整型三角狀。三葉瓣劃刀口。蝴蝶沾裹奇亞子。三角麵團表面黏貼上三葉瓣及蝴蝶片。

↓

最後發酵

50分鐘。篩上裸麥粉，劃刀口。

↓

烘烤

前蒸氣、後蒸氣。上火200℃／下火180℃烘烤32分鐘。

---

01 ｜外皮製作

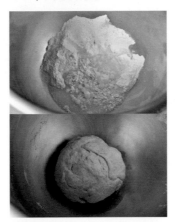

將所有材料用低速攪拌6分鐘混合均勻成團，用保鮮膜覆蓋鬆弛約15分鐘。

⋮

將麵團延壓擀平，用三葉瓣模型（約60g）、蝴蝶模型分別壓出圖形（約30g）。

⋮

將蝴蝶塗刷上橄欖油，沾裹上奇亞子（烤過），覆蓋塑膠袋冷凍備用。

02 ｜攪拌麵團

將所有材料（低糖乾酵母、法國老麵除外）用低速攪拌2分鐘攪拌成團。

⋮

轉中速加入低糖乾酵母攪拌2分鐘，待酵母混拌。

⋮

217

再加入法國老麵低速攪拌4分鐘成團。

▼

麵團延展開,可拉出均勻薄膜、筋度彈性,終溫**26**℃。

⋮

整合成圓球狀,放置發酵箱中,蓋上發酵箱蓋。

03 | 基本發酵、翻麵排氣

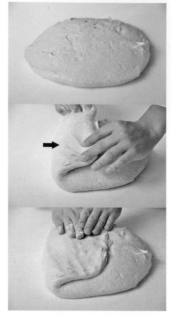

基本發酵約45分鐘。輕拍壓整體麵團,將左側朝中間折1/3,輕拍壓。

⋮

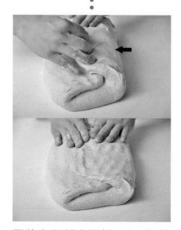

再將右側朝中間折1/3,輕拍壓。

⋮

由內側朝外折1/3,輕拍壓,再向外折1/3將麵團折疊起來,繼續發酵約45分鐘。

04 | 分割、中間發酵

內層麵團分割成580g,輕拍稍平整,由內側往外側捲折,收合於底,滾成圓球狀,中間發酵約25分鐘。

05 | 整型、最後發酵

用手掌輕拍麵團排出氣體、平順光滑面朝下。從內外側朝中間聚攏，固定中心接合處。

沿著一側邊捏緊收合，再就另兩側邊捏緊收合三側邊。

將收合口朝下，整型成三角狀。

將三葉瓣取中心點處下分別往三瓣葉處，直線切割出刀口（預留空間不切斷）。

將三葉瓣中心點沾塗少許水（幫助黏著）；三葉瓣邊緣塗刷上橄欖油。蝴蝶邊緣塗刷上橄欖油。

在三角麵團表面先黏貼上三葉瓣，再組合上蝴蝶。收口朝下，放置折凹槽的發酵布上，最後發酵約50分鐘。

表面鋪放圖飾膠片，篩灑上裸麥粉（份量外），在三側邊各切劃2刀口。

06 | 烘烤

用上火200℃／下火180℃，入爐後開蒸氣3秒，烤焙2分鐘後，再蒸氣3秒，烘烤約32分鐘。

酒 · 金棗

2015年第一次參賽加州葡萄乳酪大賽。那時題目有個神祕食材這個項目，在無法預知會抽到的食材為何的前提下我只能準備一款是能跟任何食材結合的麵團做準備。於是就以雞尾酒的概念來呈現，利用三種不同風味酒來作為麵團的風味主要來源，食材則很幸運的抽到帶有獨特風味的金棗搭配，在風味上更添深邃的芳香，風味迷人獨特的酒·金棗。

剖面特色	外層皮薄，氣泡多且小，內層有均勻堅果。
難易度	★★★★
製法	直接法
份量	約9個

[麵團]

A 奧本惠法國粉 1000g
　 鹽 16g
　 麥芽精 3g
　 低糖乾酵母 5g
　 水 400g
　 法國老麵（P30）.......... 300g
B 紅酒 250g
　 荔枝酒 80g
　 櫻桃酒 100g
C 金棗乾 250g
　 核桃 150g

[內餡]（每份30g）

奶油乳酪（安佳）

| PROCESS | STEP BY STEP |

PROCESS

攪拌麵團

材料 Ａ（酵母、法國老麵）低速攪拌成團，加入低糖乾酵母攪拌3分鐘，再加入法國老麵攪拌成團至光滑，加入材料 Ｃ 拌勻，終溫24℃。切拌折疊混合。

↓

基本發酵、翻麵排氣

30分鐘，壓平排氣、翻麵30分鐘。

↓

分割

麵團250g，折疊收合滾圓成圓球狀。

↓

中間發酵

25分鐘。

↓

整型

麵團包餡整型橢圓狀。

↓

最後發酵

50分鐘，篩灑裸麥粉、劃刀口。

↓

烘烤

前蒸氣、後蒸氣。上火210℃／下火180℃烘烤21分鐘。

STEP BY STEP

01｜攪拌麵團

將材料 Ｂ 倒入煮鍋中小火加熱煮至沸騰（煮好約剩350g），待冷卻備用。

⋮

將法國粉、麥芽精、鹽、水及煮沸紅酒用低速攪拌2分鐘攪拌混合，加入低糖乾酵母攪拌3分鐘，待酵母混拌。

⋮

再加入法國老麵攪拌3分鐘成團至光滑。

▼

麵團延展開的薄膜狀態。

⋮

最後加入材料 C 攪拌均勻
（麵團延展開，可拉出均勻薄
膜、筋度彈性，終溫24℃）。

分切麵團、上下重疊，再對
切、重疊放置，依法重複切拌
混合的操作，至混合均勻。放
置發酵箱中，蓋上發酵箱蓋。

02 | 基本發酵、翻麵排氣

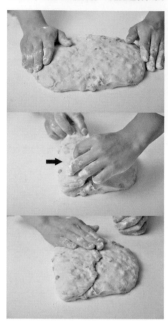

基本發酵約30分鐘。輕拍壓
整體麵團，從左側朝中間折
1/3，輕拍壓。

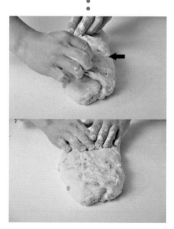

再從右側朝中間折1/3，輕拍
壓。

由內側朝外折1/3，輕拍壓，
再向外折1/3將麵團折疊起
來，繼續發酵約30分鐘。

03 | 分割、中間發酵

將麵團分割成250g，輕拍平
整，由內側往外側捲折，收合
於底，滾圓，中間發酵約25分
鐘。

04 | 整型、最後發酵

用手掌輕拍麵團排出氣體、平順光滑面朝下。轉縱向，分別從內側與外側往中間折起1/3。

⋮

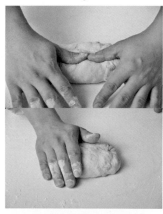

用手指按壓折疊的接合處使其貼合，按壓接合處密合，均勻輕拍。

⋮

將奶油乳酪搓揉成細長條狀（約30g），鋪放在接合處。

POINT
透過此整型手法將奶油乳酪包覆，主要是為了讓內餡能更平均的分布在麵團中。

⋮

再由外側往內側對折，手掌的根部按壓接合處密合，整型成橢圓狀。

⋮

將麵團收口朝下，放置折凹槽的發酵布上，最後發酵約50分鐘。表面篩灑上裸麥粉（份量外），切割刀口。

05 | 烘烤

用上火210℃／下火180℃，入爐後開蒸氣3秒，烤焙2分鐘後，再蒸氣3秒，烘烤約21分鐘。

3.14 樂章

讓麵包本身帶有發酵香氣又有深度的風味為目標。使用液種法製作,在液種裡以葡萄菌水、蜂蜜、君度橙酒代替水的部分進行發酵,是要利用長時間發酵使麵團得以熟成,釀酵出更深層的風味香氣,在不同的香氣結合下,展現風味上的層次感。

剖面特色	外層薄脆,氣泡多且小,內層有均勻堅果。
難易度	★★★★★
製法	液種法
份量	約7個

INGREDIENTS

[液種]

奧本惠法國粉 300g
葡萄菌水 (P28) 120g
君度橙酒 50g
水 160g
蜂蜜 30g

[麵團]

A 奧本惠法國粉 700g
　鹽 18g
　麥芽精 3g
　低糖乾酵母 5g
　水 420g
　法國老麵 (P30) 100g
B 回家李果乾 250g
　核桃 120g

液種製作

所有材料攪拌均勻，室溫發酵2小時，冷藏發酵12～18小時。

↓

主麵團攪拌

液種、材料 A（酵母、法國老麵除外）低速攪拌成團，加入酵母、法國老麵攪拌4分鐘，切取外皮麵團490g，其餘中速攪拌1分鐘，加入材料 B 拌勻，終溫24℃。切拌折疊混合。

↓

基本發酵、翻麵排氣

45分鐘，壓平排氣、翻麵45分鐘。

↓

分割

內層麵團250g、外皮麵團70g，折疊收合滾圓。

↓

中間發酵

30分鐘。

↓

整型

內層折疊滾圓。外皮擀圓，刷橄欖油包覆麵團。

↓

最後發酵

50分鐘，篩灑裸麥粉，劃十字刀口。

↓

烘烤

前蒸氣、後蒸氣。上火220℃／下火180℃烘烤24分鐘。

STEP BY STEP

01 │ 液種製作

將葡萄菌水與其他液態材料攪拌混合，加入法國粉混合攪拌到無粉粒狀。

⋮

用保鮮膜覆蓋放置室溫（約28℃）發酵12～18小時。

---

02 │ 主麵團攪拌

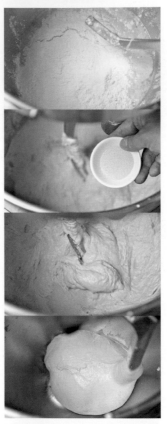

將液種、所有材料 A（酵母、法國老麵除外）以低速攪拌2分鐘攪拌混合均勻。再加入低糖乾酵母、法國老麵攪拌4分鐘。

▼

麵團延展開的薄膜狀態。

⋮

先將麵團分割取出外皮麵團
（490g）。其餘用中速攪拌1
分鐘後，再加入材料 B 拌勻
（麵團延展開，可拉出均勻薄
膜、筋度彈性，終溫24℃）。

分切麵團、上下重疊，再對
切、重疊放置，依法重複切拌
混合的操作，至混合均勻。放
置發酵箱中，蓋上箱蓋。

03 | 基本發酵、翻麵排氣

基本發酵約45分鐘。輕拍壓
整體麵團，將左側朝中間折
1/3，輕拍壓。

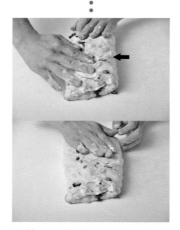

再將右側朝中間折1/3，輕拍
壓。

由內側朝外折1/3，輕拍壓，
再向外折1/3將麵團折疊起
來，繼續發酵約45分鐘。

04 | 分割、中間發酵

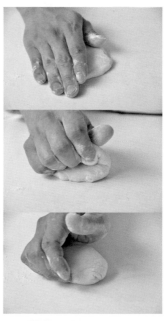

內層麵團分割成250g、外皮
麵團70g。外皮麵團輕拍平
整，對折收合。

滾圓。

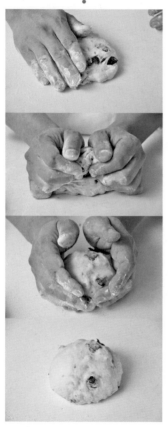

將內層麵團輕拍稍平整，對折收合滾圓。中間發酵約30分鐘。

內層

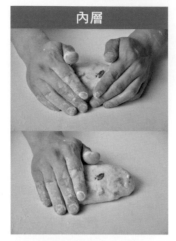

用手掌輕拍麵團排出氣體、平順光滑面朝下。從內側往外側對折使麵團鼓起，輕拍均勻。

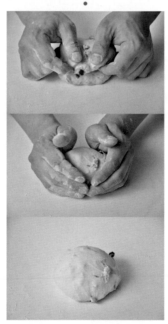

轉向縱放，再對折往底部捲折收合，滾動整型成圓球狀。

外皮

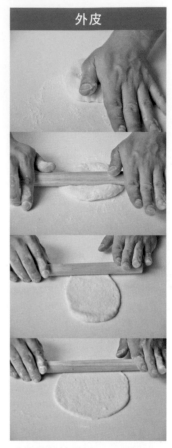

用手掌輕拍扁外皮，先縱向擀成圓片，再轉橫向擀成圓片狀。

將外皮光滑面朝下，表面薄刷橄欖油（四周空間預留不塗刷），將內層麵團收口朝上擺放在外皮上。

將兩側外皮稍延展的往中間拉起貼合,再將另外兩側外皮往中間拉起包覆,收合接合的四邊,確實捏緊收合。將收口朝下,整型成圓球狀。
⋮

將麵團收口朝下,放置折凹槽的發酵布上,最後發酵約50分鐘。表面鋪放圖紋膠片、篩灑上裸麥粉(份量外),切劃十字刀口。

06 | 烘烤

用上火220℃/下火180℃,入爐後開蒸氣3秒,烤焙2分鐘後,再蒸氣3秒,烘烤約24分鐘。

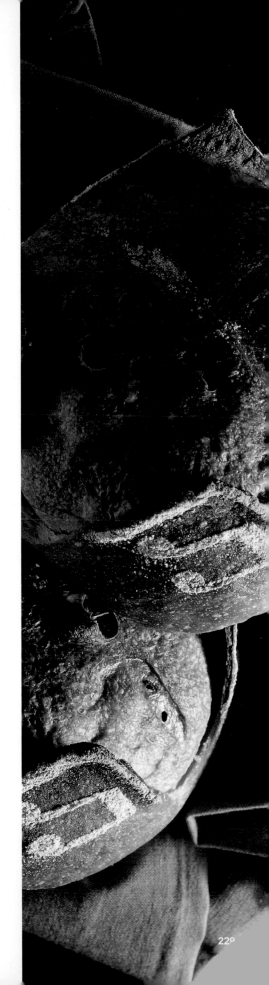

莓花

酒麵團的延伸變化。選用大湖草莓乾與玫瑰花做呈現，麵團風味上則多添加玫瑰瓣，讓濃厚的酒麵團裡更加有層次跟柔和。

剖面特色	外層皮薄，氣泡多且小，內層有均勻堅果。
難易度	★★★★
製法	直接法
份量	約8個

[麵團]

A　奧本惠法國粉 1000g
　　鹽 16g
　　麥芽精 3g
　　低糖乾酵母 5g
　　水 400g
　　法國老麵（P30）.......... 300g
B　紅酒 250g
　　荔枝酒 80g
　　櫻桃酒 100g
C　草莓乾 250g
　　乾燥玫瑰花瓣 3g
　　核桃 150g

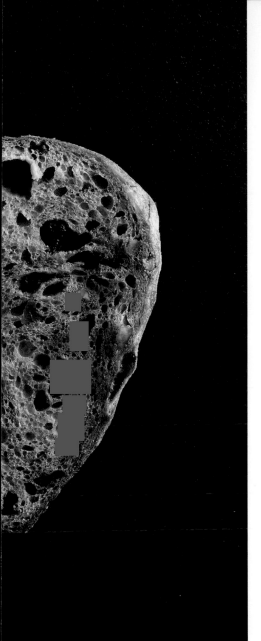

PROCESS

攪拌麵團

材料Ⓐ（酵母、法國老麵）低速攪拌成團，加入低糖乾酵母攪拌3分鐘，再加入法國老麵攪拌成團至光滑，加入材料Ⓒ拌勻，終溫24℃。切拌折疊混合。

↓

基本發酵、翻麵排氣

30分鐘，壓平排氣、翻麵30分鐘。

↓

分割

麵團310g，折疊收合成圓狀。

↓

中間發酵

30分鐘。

↓

整型

整型三角狀。

↓

最後發酵

45分鐘，篩灑裸麥粉、兩側斜劃4刀口。

↓

烘烤

前蒸氣、後蒸氣。上火210℃／下火180℃烘烤24分鐘。

STEP BY STEP

01 | 攪拌麵團

將材料Ⓑ倒入煮鍋中小火加熱煮至沸騰（煮好約剩350g），待冷卻備用。

⋮

將法國粉、麥芽精、鹽、水及煮沸紅酒用低速攪拌2分鐘攪拌混合，加入低糖乾酵母攪拌3分鐘，待酵母混拌。

⋮

再加入法國老麵攪拌3分鐘成團至光滑。

▼

麵團延展開的薄膜狀態。

⋮

最後加入用荔枝酒（50g）浸泡過的草莓乾（250g）、玫瑰花瓣（3g），與核桃攪拌均勻（麵團延展開，可拉出均勻薄膜、筋度彈性，終溫24℃）。

⋮

分切麵團、上下重疊，再對切、重疊放置，依法重複切拌混合的操作，至混合均勻。放置發酵箱中，蓋上發酵箱蓋。

02 | 基本發酵、翻麵排氣

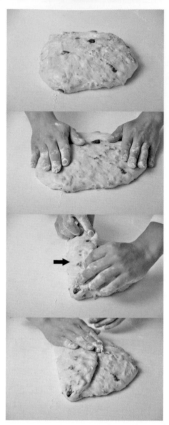

基本發酵約30分鐘。輕拍壓整體麵團，從左側朝中間折1/3，輕拍壓。

⋮

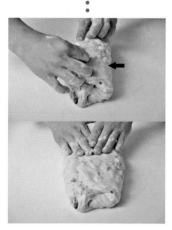

再從右側朝中間折1/3，輕拍壓。

⋮

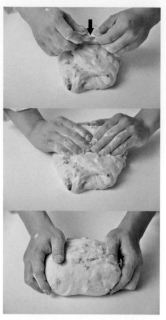

由內側朝外折1/3，輕拍壓，再向外折1/3將麵團折疊起來，繼續發酵約30分鐘。

03 | 分割、中間發酵

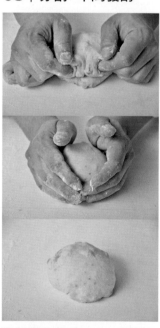

將麵團分割成310g，輕拍平整，由內側往外側捲折，收合於底，滾圓，中間發酵約30分鐘。

04 | 整型、最後發酵

用手掌輕拍麵團排出氣體、平順光滑面朝下。從內外側朝中間聚攏，固定中心接合處。

∴

沿著一側邊捏緊收合，再就另兩側邊捏緊收合三側邊。

∴

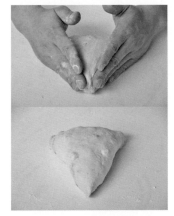

將收合口朝下，塑整麵團使其飽滿，整型成三角狀。

∴

將麵團收口朝下，放置折凹槽的發酵布上，最後發酵約60分鐘。表面篩灑上裸麥粉（份量外），在兩側邊各斜劃4刀口。

05 | 烘烤

用上火210℃／下火180℃，入爐後開蒸氣3秒，烤焙2分鐘後，再蒸氣3秒，烘烤約24分鐘。

肉桂糖彎月羊角

麵團特色本身發酵時間較短，因此添加部份法國粉讓麵團能有輕的咬感，全麥粉則讓口感上能有著顆粒的口感，風味則添加肉桂粉來加以呈現，表面撒上適量肉桂糖，在烘烤當中散發著肉桂獨有的迷人香氣，是一款斷口性良好，能一口接一口的點心麵包。

剖面特色	組織緊密、皮略厚脆、有嚼感。
難易度	★★★
製法	直接法
份量	約20個

INGREDIENTS

[麵團]

A 貝斯頓高筋麵粉 500g
   奧本惠法國粉 400g
   T150有機石磨麵粉 100g
   低糖乾酵母 10g
   細砂糖............................25g
   鹽 18g
   麥芽精.............................3g
   肉桂粉..........................3.5g
   水 540g
B 無鹽奶油......................30g

[肉桂糖]

細砂糖 50g
肉桂粉 1.5g

PROCESS

攪拌麵團

材料 A（酵母除外）低速攪拌2分鐘，轉中速加入酵母攪拌2分鐘，加入奶油攪拌至光滑，終溫24℃。

↓

基本發酵、翻麵排氣

30分鐘。

↓

分割

麵團80g，折疊收合滾圓。

↓

中間發酵、冷藏

20分鐘。擀平成橢圓片，冷藏30分鐘。

↓

整型

擀捲成羊角狀。

↓

最後發酵

15分鐘，篩灑肉桂糖。

↓

烘烤

前蒸氣。上火230℃／下火170℃烘烤14分鐘。

STEP BY STEP

01｜攪拌麵團

將所有材料 A（酵母除外）以低速攪拌2分鐘攪拌均勻，轉中速加入低糖乾酵母攪拌2分鐘混拌後。

⋮

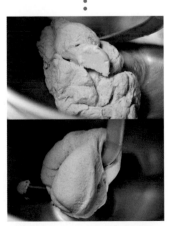

再加入奶油攪拌融合至麵團呈光滑狀態。整合麵團使表面緊實，放置發酵箱中，蓋上發酵箱蓋。

麵團延展開，可拉出均勻薄膜、筋度彈性，終溫**24℃**。

02｜基本發酵

基本發酵約30分鐘。

03｜分割、中間發酵、冷藏

麵團分割成80g，輕拍、對折收合成圓球後，中間發酵約20分鐘。

⋮

再輕拍平整，擀平成橢圓片
狀，冷藏鬆弛約30分鐘。

04｜整型、最後發酵

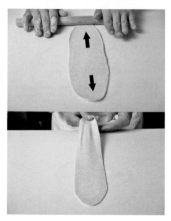

將麵團輕拍扁，由中間往底部
延展擀平後，再朝上半部擀
壓平，擀壓成薄長的橢圓片，
光滑面朝下，往底部延展開。

．
．
．

從外側邊緣稍反折覆蓋，再由
外側朝內側折疊搓長2～3次，
做出中央部分。

．
．
．

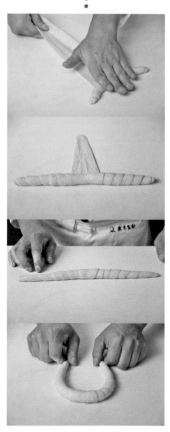

再以中央部分為軸，以指腹由
上往下、邊折疊搓長2～3次的
滾動捲起至底，收合於底（長
約35cm）。彎折成羊角狀。

．
．
．

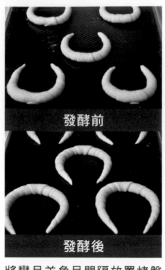

發酵前

發酵後

將彎月羊角呈間隔放置烤盤
上，最後發酵約15分鐘。

．
．
．

表面噴上水霧，灑上適量的肉
桂糖。

> **POINT**
> 先噴上水霧幫助肉桂糖的黏
> 著。

05｜烘烤

用上火230℃／下火170℃，
入爐後開蒸氣3秒，烤焙約14
分鐘。

特別講究 獨具特色的各種麵粉

以下介紹的是書中使用的麵粉，配合想要製作的麵包選用；
這裡所標示的麵粉皆可在各大烘焙材料專賣店、網路商店購得。

食材提供／山琳有限公司、
福市企業有限公司、苗林行

惠法國粉
ラフィネ

成分：100%小麥
灰分：0.42%
粗蛋白：11.7%
產地：日本大阪
特色：擁有獨特的奶油燒成色，外皮適度的齒切性，內層組織柔軟，可製作出最適合東方人食用的法國麵包。

S.OAK特高筋麵粉
ゴールデンオーク

成分：小麥、小麥蛋白
灰分：0.45%
粗蛋白：13.5%
產地：日本人阪
特色：彈力強勁、風味香逸、吸水力強、成型空間大，是（OAK麵粉）的加強版。

OAK高筋麵粉
オーク

成分：100%小麥
灰分：0.39%
粗蛋白：12.0%
產地：日本大阪
特色：麵團伸張力優異，可以製作出有彈性及齒切性優良的麵包，適用高級吐司、菓子麵包。

貝斯頓高筋麵粉
ベストン

成分：100%小麥
灰分：0.36%
粗蛋白：11.5%
產地：日本大阪
特色：色澤鮮豔、風味秀逸，可以製作出成型優良且柔軟的麵包。適用於高級吐司、高級菓子麵包。

水星低筋麵粉
マーキュリー

成分：100%小麥
灰分：0.36%
粗蛋白：8.0%
產地：日本大阪
特色：濕潤清爽的口感，最適合化口性良好的海綿蛋糕。適用高級洋菓子。

焙煎香味全粒粉
シリーズ

成分：100%小麥
產地：日本
特色：選用100%日本國內小麥焙煎，是日本突破性獨特商品。冷水使用時呈現咖啡香；熱水使用時呈現小麥香；食物纖維多，不使用添加物。

VIRON法國粉T55
MINOTERIES
VIRON

成分：法國小麥粉
灰分：0.5-0.6%
蛋白質：10.5%
產地：法國
特色：以優質法國小麥為原料，香氣隨著發酵時間甦醒，可隔夜冷藏發酵。也適用養老麵、魯邦種。

石磨法國粉T80
MEULE T80

成分：法國小麥粉
灰分：0.75-0.9%
蛋白質：11%
產地：法國
特色：精選契種的優質法國小麥，以石磨低溫研磨以保存小麥完整的營養及風味。

有機石磨麵粉T150
MEULE T150

成分：法國小麥粉
灰分：>1.4%
蛋白質：11%
產地：法國
特色：歐盟認證的有機石磨麵粉，包含小麥完整的纖維素、胚芽和營養，風味豐富。

博肯石臼裸麥全粒粉
ブロッケン

成分：小麥
灰分：1.5%
蛋白質：8.5%
產地：日本
特色：石臼磨製成的裸麥。富濃厚甘甜味的裸麥粉。

Column

麵包對味的吃法

用料單純的傳統歐風麵包，內層有偏大且多
的氣泡、爽口，簡單的吃更能嚐出麵包本身
的香氣風味。由於味道清爽，搭配橄欖油、
蜂蜜、奶油或佐以不同的各式抹醬，在餡料
上做豐富變化，就是美味提升的變化吃法。

國家圖書館出版品預行編目（CIP）資料

張宗賢 純粹麥香經典歐法麵包 / 張宗賢著 . -- 初版 . -- 臺北
市 : 原水文化出版 : 英屬蓋曼群島商家庭傳媒股份有限公司
城邦分公司發行, 2021.05
　　面；　公分 . --（烘焙職人系列；9）

ISBN 978-986-06439-1-6（平裝）

1. 點心食譜　2. 麵包

427.16　　　　　　　　　　　　110005605

烘焙職人系列 009

張宗賢 純粹麥香經典歐法麵包

作　　　　者／張宗賢
特 約 主 編／蘇雅一
責 任 編 輯／潘玉女

行 銷 經 理／王維君
業 務 經 理／羅越華
總 編 輯／林小鈴
發 行 人／何飛鵬
出　　　　版／原水文化
　　　　　　　台北市民生東路二段 141 號 8 樓
　　　　　　　電話：02-25007008　　傳真：02-25027676
　　　　　　　E-mail：H2O@cite.com.tw　　Blog：http:citeh2o.pixnet.net/blog/
　　　　　　　FB 粉絲專頁：https://www.facebook.com/citeh2o/
發　　　　行／英屬蓋曼群島商家庭傳媒股份有限公司城邦分公司
　　　　　　　台北市中山區民生東路二段 141 號 11 樓
　　　　　　　書虫客服服務專線：02-25007718．02-25007719
　　　　　　　24 小時傳真服務：02-25001990．02-25001991
　　　　　　　服務時間：週一至週五 09:30-12:00．13:30-17:00
　　　　　　　讀者服務信箱 email：service@readingclub.com.tw
劃 撥 帳 號／19863813　　戶名：書虫股份有限公司
香 港 發 行 所／城邦（香港）出版集團有限公司
　　　　　　　地址：香港灣仔駱克道 193 號東超商業中心 1 樓
　　　　　　　Email：hkcite@biznetvigator.com
　　　　　　　電話：(852)25086231　　傳真：(852) 25789337
馬 新 發 行 所／城邦（馬新）出版集團 Cite (Malaysia) Sdn. Bhd.
　　　　　　　41, Jalan Radin Anum, Bandar Baru Sri Petaling,
　　　　　　　57000 Kuala Lumpur, Malaysia.
　　　　　　　電話：(603) 90578822　　傳真：(603) 90576622
　　　　　　　電郵：cite@cite.com.my

美 術 設 計／陳育彤
攝　　　　影／周禎和
製 版 印 刷／卡樂彩色製版印刷有限公司

城邦讀書花園
www.cite.com.tw

初　　　　版／2021 年 5 月 4 日
定　　　　價／600 元